Aron Kneer

Numerische Untersuchung des Wärmeübertragungsverhaltens in unterschiedlichen porösen Medien

Schriftenreihe
des Instituts für Angewandte Materialien
Band 42

Karlsruher Institut für Technologie (KIT)
Institut für Angewandte Materialien (IAM)

Eine Übersicht aller bisher in dieser Schriftenreihe erschienenen Bände
finden Sie am Ende des Buches.

Numerische Untersuchung des Wärmeübertragungsverhaltens in unterschiedlichen porösen Medien

von
Aron Kneer

Dissertation, Karlsruher Institut für Technologie (KIT)
Fakultät für Maschinenbau
Tag der mündlichen Prüfung: 17. Juli 2014

Impressum

 Scientific Publishing

Karlsruher Institut für Technologie (KIT)
KIT Scientific Publishing
Straße am Forum 2
D-76131 Karlsruhe

KIT Scientific Publishing is a registered trademark of Karlsruhe
Institute of Technology. Reprint using the book cover is not allowed.

www.ksp.kit.edu

Print on Demand 2014

ISSN 2192-9963
ISBN 978-3-7315-0252-4
DOI 10.5445/KSP/1000042451

Numerische Untersuchung des Wärmeübertragungsverhaltens in unterschiedlichen porösen Medien

Zur Erlangung des akademischen Grades

Doktor der Ingenieurwissenschaften

der Fakultät für Maschinenbau
Karlsruher Institut fur Technologie (KIT)

genehmigte
Dissertation
von

Dipl.-Ing. Aron Johann Kneer

Tag der mündlichen Prüfung:	17.07.2014
Hauptreferent	Prof. Dr. Britta Nestler
Korreferent	Dr. habil. Rainer Blum

Diese Arbeit widme ich meinen Eltern, die meine Ausbildung zum Ingenieur ermöglicht haben und insbesondere meiner Frau Selçuk, die mir die Freiräume eingeräumt hat, um die vorliegende Arbeit trotz beruflicher Tätigkeit als Geschäftsführer einer Firma erstellen zu können.

Des weiteren möchte ich mich bei meinem Geschäftspartner Michael Wirtz für die mir stets wichtigen inhaltlichen Diskussionen und die Unterstützung bei der Korrektur meiner Arbeit bedanken.

Inhaltsverzeichnis

Abbildungsverzeichnis

Tabellenverzeichnis

Vorwort

Vor ca. vier Jahren wurde ich von einem Industriekunden angefragt einen Gleichrichter zu entwerfen, der gleichzeitig auch zur Homogenisierung der Temperaturgradienten beitragen sollte. In diesem Zusammenhang habe ich mich intensiver mit porösen Strukturen beschäftigt. Schnell wurde deutlich, dass zwar viele Untersuchungen zum Druckverlust von porösen Strukturen durchgeführt wurden, aber hinsichtlich der Wärmeübertragung Literaturquellen nur spärlich, insbesondere im Zusammenhang mit neueren Materialien, wie sie hier vorgestellt werden, vorhanden waren. Daher wuchs die Idee einen Versuchsstand zu konzipieren, der sich diesem physikalischen Phänomen widmen sollte. Gleichzeitig wurde deutlich, dass lokale Messungen (in der porösen Struktur) kaum mit hinreichender Genauigkeit möglich sind. Daher sind in der Literatur schwerpunktmäßig globale Messergebnisse zu finden (Enthalpie rein - Enthalpie raus = Summe der zugeführten bzw. abgeführten Wärme). Durch die inzwischen entstandene sehr gute Kooperation mit der HS-Karlsruhe (IMP) konnte ein Forschungsvorhaben zum Thema Messung des Wärmetransportverhaltens von durchströmten Metallschäumen realisiert werden, das derzeit noch in Bearbeitung ist. Allerdings kann auch dieses nicht die grundlegenden Vorgänge in porösen Strukturen aufgrund messtechnischer Restriktionen aufzeigen.

Eine Fortentwicklung des Latentwärmespeichers in Kombination mit Metallschäumen wird derzeit anhand eines Forschungsvorhabens, an dem auch das IAM des KIT und das IMP der HS-Karlsruhe beteiligt ist, bearbeitet. Der Metallschaum soll in diesem Zusammenhang das Wärmeeindringverhalten in das Phasenwechselmaterial verbessern. In einem weiteren Forschungsvorhaben werden andere poröse Strukturen, nämlich textile Abstandsgewebe als Absorbersystem für die solare Energienutzung erprobt. In beiden Projekten werden seit kurzem numerische Methoden zur

Auflösung der Mikrostrukturen eingesetzt, was einen Meilenstein in der Vorauslegung von porösen Strukturen als Wärmeübertrager darstellt. Neben diesen Forschungsvorhaben wird der Einsatz von porösen Strukturen zur Filtration in Kombination mit Wärme- und Stofftransport untersucht.

Diese Aktivitäten verdeutlichen das hohe Potential an denkbaren Anwendungsmöglichkeiten, die Notwendigkeit der Erforschung der physikalischen Vorgänge in porösen Strukturen wird damit unabdingbar. In diesem Zusammenhang sei das Institut IAM am KIT genannt. Die Methodik, aus Schliffbildern und anderen geometrischen, dreidimensionalen Informationen Mikrostrukturen (Porositäten) zu generieren, ließ in mir die Überzeugung reifen, dass der Schlüssel zur Lösung dieser Aufgabe in der Numerik und in der Form von virtuellen Modellen mit geeigneter Auflösung der Mikrostruktur zu suchen ist, um im Detail den Wärme- und Stofftransport in porösen Strukturen zu verstehen. Diese Methodik, die sicherlich in Zukunft eine enorme Bedeutung gewinnen wird, kann in diesem Zusammenhang als *numerisches Experiment* verstanden werden.

Kurzfassung

In der Technik existieren eine Vielzahl an porösen Strömungskomponenten, die gezielt zur Verbesserung der Wärmeübertragung, zur Vergleichmässigung von Inhomogenitäten in der Geschwindigkeitsverteilung und zum kontrollierten Stofftransport eingesetzt werden. Bislang werden poröse Medien als makroporöse Systeme mit Widerstandsbeiwerten und effektiven Wärmeübergangsparametern behandelt, wobei die hierfür notwendigen Porositätsparameter in der Regel aus Experimenten gewonnen werden.

Eine andere Möglichkeit bietet die Auflösung der porösen Struktur in allen Details und die Ableitung eines numerischen Modells (Mikrostrukturmodell), zur Lösung der Strömungs- und Wärmeübergangsphänomene anhand eines numerischen Verfahrens wie dem CFD-Verfahren, das auf der numerischen Lösung der Navier-Stokes-Gleichungen beruht.

Diese Arbeit befasst sich mit Simulationsstudien, die als numerisches Experiment aufgefasst werden können. Durch eine systematische Berechnung von Kennlinien werden analog zu einem Versuchsstand die notwendigen Porositätsparameter für vier verschiedene Porositäten (Metallschaum, textiles Abstandsgewirke, Sartobind Membran, Shifted Grid) sowie für vier verschiedene Fluide (Wasser, Ethanol, Luft, Methan) ermittelt. Aus den Porositätsparametern werden empirische Korrelationen zur vereinfachten Berechnung der effektiven Wärmeleitung, des Druckverlusts und des Wärmeübergangs vorgestellt. Weiterhin werden die in gängigen CFD-Solvern zur Verfügung stehenden Ansätze zur Modellierung einer Porosität (Porositätsstruktur wird dabei nicht aufgelöst) am Beispiel des kommerziellen CFD-Solvers StarCCM+ unter Verwendung der zuvor ermittelten Porositätswerte für die jeweilige Porosität und das jeweilige Fluid einer Prüfung unterzogen.

Im Rahmen dieser Ausarbeitung kann gezeigt werden, dass Mikrostrukturmodelle durchaus als Basis zur Bestimmung der relevanten Ersatzparameter herangezogen und somit aufwendige experimentelle Laborversuche reduziert werden können. Weiterhin wird gezeigt, dass durch eine geeignete Approximation der berechneten Kennlinien empirische Korrelationen zur Beschreibung der wesentlichen makroskopischen physikalischen Effekte ableitbar sind und diese mit ausreichender Genauigkeit für den ingenieursmässigen Einsatz zur Auslegung realer Applikationen einsetzbar sind.

Des weiteren werden wir aufzeigen, dass das gängige Porositätsmodell des eingesetzten CFD-Solvers zwar qualitativ ähnliche Ergebnisse wie die Mikrostrukturberechnungen liefert, aber quantitativ durchaus einige Verbesserungen des Porositätsmodells als sinnvoll erachtet werden. Hierzu werden Verbesserungsvorschläge zur Diskussion gestellt.

Abstract

A lot of different porous flow devices (porosities) are used in technical applications to enhance heat transfer, to homogenise flow velocities or to control mass transfer.

So far porous media are mostly treated as macroporous systems, characterised by friction factors and effective heat transfer parameters that were generally obtained through experiments.

A different approach uses a detailed three-dimensional numerical model of the porous structure (microstructure model) to solve for the flow and heat distribution using CFD (Computational Fluid Dynamics) methods based on the numerical solution of the Navier-Stokes equations.

This presentation deals with simulation studies that will be interpreted as numerical experiments. Like in an experimental setup, characteristic porosity parameters are derived by systematic variation of conditions for four different porosities (metal foam, textile fabrics, membrane, shifted grid) in combination with four different fluids (water, ethanol, air, methane).

Empirical correlations for simplified calculation of effective heat conduction, pressure drop and heat transfer will be presented. Moreover, the usual methods in CFD solvers to include porous media (without modeling their structure) are checked using our derived porosity parameters. This is exemplified with the StarCCM+ solver.

We show that microstructure models can be used to find relevant parameters, thus reducing expensive laboratory experiments. Through approximation of calculated characteristic curves, some empirical correlations to describe the major macroscopic physical effects could be derived that can be used by engineers for the design of real applications with sufficient precision.

Finally, we will see that the current porosity model of StarCCM+ gives qualitatively similar results to the microstructure calculations, but leaves something to be desired in accuracy. Suggestions for improvements are given.

1. Einleitung

In der Technik existieren eine Vielzahl an porösen Medien, wie z.B. Filter, Metall- bzw. Keramikschäume, textile Abstandsgewebe und Membranen. Je nach Anwendungsgebiet werden poröse Medien zur Strömungsvergleichmäßigung oder auch zur Druckminderung, zur Erhöhung des Wärmeübergangs, der Katalyse (reaktive Strömung) oder auch zur Beimischung von anderen stofflichen Substanzen eingesetzt. Grundsätzlich werden poröse Medien in geschlossenporige und offenporige Systeme und teilweise offene Systeme unterschieden. Die geschlossenporigen Systeme seien hier nicht weiter betrachtet.

Offenporige bzw. teilweise offenporige Systeme haben den Vorteil, dass sie durchströmt werden können und somit je nach Porengrösse auch Substanzen zurückhalten können. Ein typisches Einsatzgebiet von porösen Medien als Filter sind z.B. Luftfilter, die bevorzugt in der Automobiltechnik, bei der Rauchgasreinigung und in der Medizintechnik eingesetzt werden. Hier gilt es unterschiedlich große Partikel auszufiltern und somit z.B. die Luft vor der weiteren Nutzung zu reinigen. Poröse Medien haben bei der Durchströmung stets eine die Strömung vergleichmäßigende Wirkung, da bei der Reduktion der Porendichte der Strömungswiderstand zunimmt.

Druckminderer als Porosität ausgeführt haben einen hohen Materialanteil, wodurch der Strömungswiderstand so groß ist, dass ein anliegender Vordruck auf einen gewünschten Systemdruck reduziert werden kann. Dies wird oftmals bei Systemen benötigt, die im vakuumnahen Bereich betrieben werden, jedoch eine Reinigung der vakuumnah betriebenen Kammern durch Spülgase erfolgen muß. Die Zufuhr von Spülgasen führt durch die hohe Druckdifferenz zu einer massiven Expansion des Gases mit entsprechender Abkühlung. Eine systematische Absenkung des Druckes durch geeignete Druckminderer (Porositäten) ist hierbei unabdingbar.

Bei der Katalyse werden poröse Medien schwerpunktmäßig zur Vergrößerung der Oberfläche verwendet, um die katalytischen, reaktiven Prozesse, die an der Oberfläche ablaufen, zu erhöhen. Dasselbe gilt für Biokatalysatoren, bei denen durch das poröse Medium die katalytische Funktionsfläche erhöht werden kann. Dies spielt insbesondere bei der Ausfilterung von Hormonen aus Wasser eine große Rolle.

Metallschäume werden u.a. zur Erhöhung des Wärmeübergangs und zur verbesserten Stoffbeimischung bereits in der Verbrennungstechnik erprobt. Die o.g. Membranen kommen meist in der Medizintechnik zum Einsatz, z.B. bei Dialysesystemen und auch in der Brennstoffzellentechnik. Bei der Dialyse werden künstlich mit diesen stoffdurchlässigen Membranen Hohlröhren gebildet, die zu tausenden nebeneinander angeordnet sind und mit Blut durchströmt werden. Die Dialyseflüssigkeit umspült im Gegenstromverfahren die Hohlfasern in Längsrichtung. Für beide Medien gilt, dass bei der Durchströmung ein Druckabfall durch die Reibung zustandekommt. Damit entsteht eine Druckdifferenz zwischen der Blut- und der Dialyseseite, wodurch ein Stoffstrom durch die Membran ermöglicht wird. Allerdings ist die Membran hinsichtlich Ihrer Durchlässigkeit so gestaltet, dass ausschließlich kleine Teilchen (Schadstoffe) die Membran durchqueren können. Somit ist eine Reinigung des Blutes gegeben.

Eine weitere sehr interessante Anwendung sind textile Abstandsgewirke wie sie z.B. vom Institut für textile Verfahren (ITV Denkendorf) entwickelt werden. Das Abstandsgewirke ist durch eine gewisse Anzahl an gewobenen volumetrisch angeordneten Fasern charakterisiert. Durch eine geeignete Beschichtung (hohe Emissivität) dieser Fasern kann nachts Wärme abgestrahlt werden, wodurch die Fasern unterhalb der Umgebungstemperatur abfallen und somit die in der Luft enthaltene Feuchte kondensieren kann (Taupunktsunterschreitung). Dieses Verfahren wird derzeit zur Gewinnung von Wasser in Wüstenregionen erprobt.

Grundsätzlich sind die Anwendungen für die oben genannten Porositäten in ihrer Art sehr unterschiedlich, obgleich sie hinsichtlich der physikalischen Prozesse, die stattfinden sehr ähnlich sind.

Eine Porosität kann in folgende Bereiche einsortiert werden:

- 0-2 nm: mikroporös

- 2-50 nm: mesoporös

- > 50 nm: makroporös

In dieser Ausarbeitung werden schwerpunktmäßig makroporöse Medien hinsichtlich ihrer physikalischen Eigenschaften als Strömungswiderstand und als Wärmeübertrager untersucht, wobei die poröse Struktur in Modellen im Detail abgebildet und gezielt ein Strömungsraum um diese Struktur erstellt wird. Diesen Berechnungsmodellen geben wir nun den Namen *Mikrostrukturmodelle*.

Eine andere übliche Art der Modellierung von Porositäten erfolgt durch die Definition einer porösen Region innerhalb eines Berechnungsmodells. Bei dieser Art der Modellierung werden Strukturteile nicht als solche aufgelöst modelliert und in der Berechnung verwendet, sondern hierbei handelt es sich dann um eine effektive Porosität mit effektiven Parametern für den Druckverlust und die Wärmeübertragung. Nennen wir diese Modellierungsart *Makroporositätsmodelle*.

Bei der Entwicklung von Applikationen stellt sich grundsätzlich die Frage: Welchen Aufwand darf eine Simulation im Entwicklungsprozess denn einnehmen? Sicherlich ist dem Leser an dieser Stelle klar, dass einem Mikrostrukturmodell eine erheblich verfeinerte Diskretisierungsmethode (im Vergleich zu Makroporositätsmodellen) zugrunde gelegt werden muss. Das grundsätzliche Problem allerdings ist, dass z.B. im Fall der textilen Abstandsgewirke mehrere hundert Quadratmeter an Fläche mit dem Textil als Dach ausgeführt werden könnten. Dies dann als Mikrostrukturmodell auszuführen ist allerdings undenkbar, es sei denn, dass genügend Rechnerresourcen (Hochleistungsrechner) zur Verfügung stehen. Diese allerdings stehen üblicherweise kleineren und auch mittelgroßen Unternehmen nicht zur Verfügung, selbst Rechencluster sind unüblich. Kurzum, ohne geeignete Ersatzmodelle lassen sich real dimensionierte Applikationen (eine Dialysefilterpatrone weist z.B. bis zu zehntausend Hohlfasern als Filtermembranen auf) nur mit einem enormen Aufwand, wenn überhaupt, berechnen. Die Modellierungs- und Berechnungskosten steigen dabei extrem an.

Um nun für Auslegungsarbeiten notwendige und schnellere Modelle für Porositäten schaffen zu können, werden Porositätseigenschaften wie z.b. Porosität, Permeabilität, effektive Wärmeleitfähigkeit, effektiver Wärme- übergangskoeffizient etc. benötigt. In der Praxis wird hierbei von *empirischen Korrelationen* gesprochen, die zumeist aus experimentellen Un- tersuchungen gewonnen werden. Oftmals finden sich Korrelationen, z.b. Nusselt-Korrelationen, die nur für bestimmte Anwendungen gelten aber keinesfalls eine Allgemeingültigkeit, zumindest im Zusammenhang neuerer Materialien oder Materialkompositionen, besitzen. Zudem sind die Ansätze zur Bestimmung von Ersatzparametern und entsprechenden empirischen Korrelationen teilweise sehr unterschiedlich.

In der Vergangenheit wurden ausschließlich experimentelle Untersuchun- gen zugrundegelegt. In den letzten zwanzig bis dreißig Jahren wurden Ansätze aus Detailuntersuchungen des Porositätsaufbaus (Stege, Poren, Stegverbindungen etc.) versucht und *analytische Korrelationen* abgeleitet, die den Sinn und Zweck hatten, aufwendige Experimente zu reduzieren.

In diesem Zusammenhang sei das Buch von Donald A. Nield und Adrian Bejan [28] genannt. Nield et. al. stellt eine Art Kompendium aller bedeu- tenden Forschungsarbeiten in den Bereichen der Wärme- und Stoffübertra- gung von ein- und mehrphasigen Strömungsvorgängen in porösen Medien der letzten Jahrzehnte vor. Neben einer Vielzahl an empirischen Korre- lation für unterschiedlichste Porositäten werden auch Erweiterungen der Navier-Stokes-Gleichungen für Makroporositätsmodelle vorgestellt, wobei diese Erweiterung sich auf die poröse Region (Struktur ist nicht abgebildet) beziehen.

Ansätze zur Auflösung der porösen Struktur werden erst seit einigen Jahren verfolgt. Kopanidis et. al. [31] stellt in seiner Veröffentlichung bereits im Jahr 2010 ein Mikrostrukturmodell zur Berechnung der Strömung und der konvektven Wärmeübertragung in Metallschäumen unterschiedlicher Porendichte auf Basis der Lösung der Navier-Stokes-Gleichungen vor.

Ein numerischer Ansatz mit inkludierten Strukturen ist flexibel in den Randbedingungen und den Betriebsbedingungen und weist daher große Vorteile gegenüber den experimentellen Versuchen auf. Allerdings be- darf es umfangreicher numerischer Untersuchungen, um zum Einen das numerische Werkzeug zu validieren und zum Anderen eine große Zahl an un- terschiedlichsten Porositätsarten, Porositätsmaterialien, Beströmungskonditionen und thermischen Randbedingungen zu erfassen. Eine wesentliche Voraussetzung für den Aufbau eines Mikrostrukturmodells sind realistische geometrische Daten der Struktur der Porosität, die heutzutage zwar teilweise aus computertomografischen Untersuchungen gewonnen werden können, wo aber sicherlich noch keine umfangreiche Datenbank an Modellvorlagen existiert.

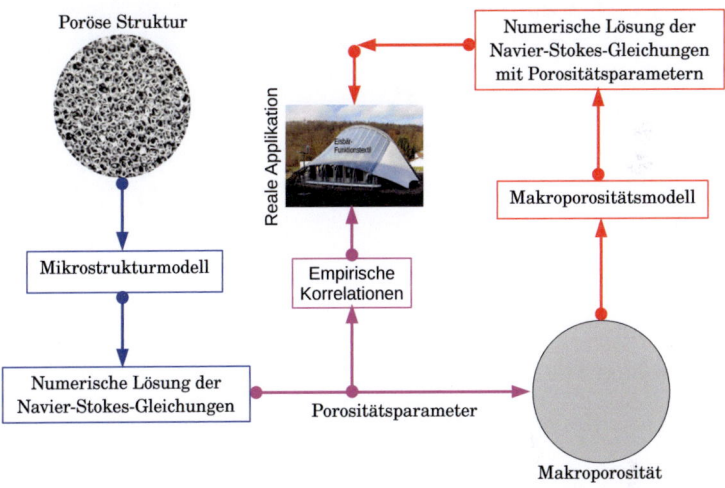

Abb. 1.1.: Numerisches Experiment: Modellansätze

Des weiteren bedarf es einer geeigneten Diskretisierungsmethode. Eine solche Methode bietet die Software PACE3D des Instituts IAM am Karlsruher Institut für Technologie anhand eines eingebetteten Füllalgorithmus zur Strukturerstellung von Porositäten. Auf Basis einer diskretisierten Oberfläche der Struktur kann die vollständige Porosität mit umgebendem Fluid als Modell für beliebige Solver zur Verfügung gestellt werden. Ein Vergleich geometrischer Eckdaten des damit erzeugten virtuellen Mikrostrukturmodells mit realen Strukturen ist sicherlich unabdingbar, um letzten Endes die Qualität der Ergebnisse auch im Hinblick auf Abweichungen der

Geometrie von der Realität beurteilen zu können. Trotzdem stellt diese Methodik einen Meilenstein in der Numerik dar, zumal nun gezielte Studien für den Wärme- und Stofftransport in porösen Materialien mit aufgelösten Details erfolgen können. Eine Berechnung ermöglicht darüberhinaus auch einen Einblick in lokale Effekte innerhalb der Porosität, die durch Experimente nur mit sehr hohem Aufwand visualisiert werden könnten.

Im Rahmen dieser Ausarbeitung werden Mikrostrukturmodelle von Porositäten aus verschiedenen Anwendungsgebieten erstellt und gezielt durch eine Strömung und mit Wärme beaufschlagt, um geeignete Antworten zum mit der Strömung einhergehendem Druckverlust und konvektiven Wärmetransport zu finden. Abb. 1.1 zeigt die grundsätzliche Vorgehensweise zur Durchführung der numerischen Experimente.

Aufgrund der Vielzahl an porösen Materialien, die in der Natur und in der Technik vorzufinden sind, wird eine Auswahl für die durchzuführenden numerischen Experimente getroffen. Diese sind:

- Schaumstrukturen aus Metall und anderen Materialien

- Textiles Abstandsgewirke

- Sartobind Membran-Filter

- Synthetische Struktur mit versetzter Steganordnung

Ausgehend von der Beschreibung der Herkunft der zu untersuchenden Materialien, die teilweise einem Vorbild aus der Natur (siehe Kapitel 2) nachempfunden wurden, wird neben der Vorstellung der theoretischen Grundlagen für Strömung und Konvektion in Kapitel 3, der Aufbau von virtuellen Modellen in Kapitel 4.2 erläutert. Wie die virtuellen Modelle in ein Berechnungsmodell für die Lösung der Navier-Stokes-Gleichungen zur Analyse der Strömungs- und Wärmetransportvorgänge übergeführt werden kann und welche Berechnungsszenarien ausgewählt wurden, wird in Kapitel 4.3 erläutert.

Im ersten Schritt werden in Kapitel 5.1 einfache konduktive Berechnungen vorgestellt, anhand derer die effektive Wärmeleitfähigkeit der porösen Strukturen wie Schaumstrukturen, textile Abstandsgewirke und medizinische Filter bestimmt werden können. Wir werden weiter zeigen, dass die effektive Wärmeleitfähigkeit von den untersuchten porösen Strukturen im Wesentlichen von der Wärmeleitfähigkeit des umgebenden Fluides unabhängig ist und somit maßgeblich durch die Wärmeleitfähigkeit der Struktur bestimmt ist. Weitere Berechnungsergebnisse zum Druckverlust und zum konvektiven Wärmetransport werden in Abschnitt 5.2 dargelegt. Neben Kennlinien für den Druckverlust werden ebenfalls Kennlinien für den Wärmeübergangskoeffizient für verschiedene Fluide vorgestellt und in Kapitel 5.3 gezielt analytische Korrelationen aus den numerischen Berechnungen abgeleitet.

Zur Überprüfung der Ersatzparameter werden dann in Kapitel 6 dreidimensionale numerische Modelle vorgestellt, die anstatt einer aufgelösten Mikrostruktur eine Art "verschmierte" Porositätszone (Makroporosität) mit den zuvor ermittelten Porositätsparametern enthalten. Des weiteren wird gezeigt, in welcher Genauigkeit nun mit den vereinfachten numerischen Modellen das Druckverlust- und Wärmeübertragungsverhalten von porösen Strukturen bei der Durchströmung abgebildet bzw. verbessert werden kann. Insgesamt werden ca. 160 CFD-Berechnungen auf Basis der Mikrostrukturmodelle und die gleiche Anzahl an Berechnungen auf Basis der Makroporositätsmodellen vorgestellt.

Neben den porösen Strukturen wie Schäume, textile Abstandsgewirke und medizinischer Filter wird hierzu ein künstlich erzeugter Wärmeübertrager (Shifted Grid) parallel zu den anderen Ergebnissen vorgestellt. Die Struktur des Shifted Grid wurde aus den Ergebnissen und Erkentnissen abgeleitet und stellt eine optimierte Variante einer synthetischen Porosität dar, die hinsichtlich des Wärmeübergangs z.B. Metallschäume um den Faktor zwei übertrifft. Dies soll als Anregung für Ingenieure und Wissenschaftler dienen, virtuelle Modelle für die Struktur- und Materialkomposition einer Porosität, insbesondere im Zusammenhang mit einer Applikation, vermehrt einzusetzen.

Der enorme Vorteil der numerischen Experimente in Ergänzung mit experimentellen Untersuchungen ist die hohe Flexibilität in der Untersuchung von porösen Materialien mit unterschiedlichen Randbedingungen und Strukturund Fluideigenschaften. Diese und andere wesentliche Erkenntnisse aus dieser Ausarbeitung sind im abschließenden Kapitel 7 dargelegt.

2. Poröse Strukturen in Natur und Technik

Beispiele aus der Natur dienen oftmals als Vorbild für technische Applikationen. Die gezielte Vorgehensweise, Beispiele aus der Natur in eine Technologie umzusetzen, wird unter dem Begriff Bionik zusammengefasst. Bionische Ansätze sind insofern interessant, da sie über einen sehr langen Zeitraum, nämlich der Evolution von der Natur optimiert wurden, um bestimmte Prozesse mit möglichst geringem Energieaufwand unterhalten zu können.

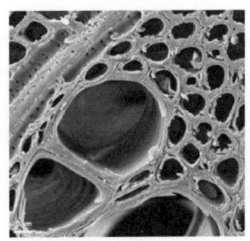

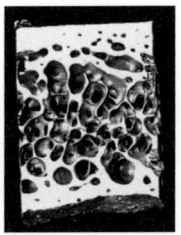

Abb. 2.1.: Holzstruktur [12]   **Abb. 2.2.:** Knochenstruktur [78]

In den Abbildungen 2.1 und 2.2 sind Beispiele von porösen Strukturen aus der Natur dargestellt. Auf den ersten Blick wird deutlich, dass die Natur keineswegs isotrope Materialien hervorbringt. Vielmehr ist die Porenverteilung hinsichtlich der gewünschten Funktion optimiert. Bei der Abbildung 2.1 steht im Mittelpunkt der Funktion der Wassertransport in Holzgewächsen. Um zentrale größere Kapillaren sind kleinere Kapillaren angeordnet, die eine gewissen Länge aufweisen. Wasser kann somit durch Kapillareffekte transportiert werden. In Abbildung 2.2 ist ein Ausschnitt aus einem Knochen dargestellt. Hier steht im Mittelpunkt die Steifigkeit bei möglichst geringem Gewicht. daher ist die Stegdicke und die Porenverteilung hinsichtlich der Festigkeit optimiert. In der Natur lassen sich eine Vielzahl solcher Beispiele finden, auf die nicht näher eingegangen wird.

Abb. 2.3.: Geschlossenporiger Metallschaum [37]

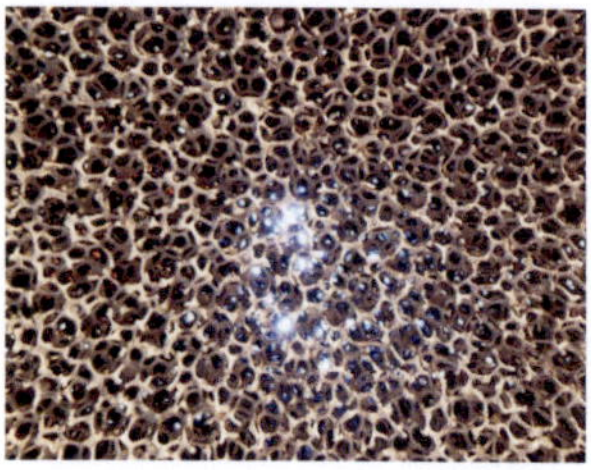

Abb. 2.4.: Offenporiger Metallschaum

In den Abbildungen 2.3 und 2.4 sind Metallschäume dargestellt, wobei sie sich in ihrer Durchlässigkeit unterscheiden. In Abbildung 2.3 ist ein geschlossenporiger Metallschaum dargestellt. Dieser ist im Gegensatz zum offenporigen Metallschaum (siehe Abbildung 2.4) nicht durchströmbar und wird in der Technik als Energieabsorber für Crashsysteme untersucht. Durch die Porosität kann das Gewicht massiv verringert werden, die Steifigkeit allerdings kann hoch gehalten werden. Die Verwandtschaft zum Knochenaufbau als optimiertes Funktionselement ist offensichtlich. Der offenporige Metallschaum weist neben dem geringen Gewicht eine gute Steifigkeit und die Durchströmbarkeit als Funktion auf. Durch den Strukturanteil entsteht eine vergrößerte wärmetauschende Oberfläche, so dass in der Technik neben den Festigkeitseigenschaften auch diese Art von Metallschäumen als Wärmeübertrager untersucht werden. Eine detaillierte Untersuchung zum Aufbau von offenporigen Schäumen ist in [19] dargelegt. Verschiedene Herstellverfahren und Untersuchungen zu Metallschaumstrukturen sind u.a. in [21, 48, 57, 7, 50, 44, 8, 17] dargelegt. Untersuchungen zum Druckverlust, Wärmetransport und der Festigkeit finden sich u.a. in [72, 6, 2, 70, 37, 84, 22, 26]. Weitere Artikel zu Berechnungsverfahren und Untersuchungen zu Metallschäumen bzw. Schaumstrukturen werden in

Kapitel 3 im Zusammenhang mit den verschiedenen Erweiterungen der Navier-Stokes-Gleichungen zitiert.

Abb. 2.5.: Keramische Struktur mit Mikrokanälen [55]

Abb. 2.6.: Schnitt durch eine poröse keramische Struktur [55]

Weitere technische Anwendungen aus dem Bereich keramischer Materialien sind in den Abbildungen 2.5 und 2.6 aufgezeigt [55]. Wesentliches Merkmal der technisch erzeugten keramischen Strukturen ist die Ausbildung von Mikrokanälen, über die ein Fluid transportiert werden kann. Insbesondere in der Raumfahrttechnik sind durch Kapillarkräfte angetriebene Strömungssysteme von großem Interesse, da dadurch auf Pumpen und deren Regelung (Elektronik) verzichtet werden kann. Durch die daraus resultierende Gewichtseinsparung kann im Bereich Raumfahrt Energie für den Transport eingespart werden. Grundsätzlich werden Mikrokanäle auch als Gleichrichter oder als wärmeübertragende Systeme entwickelt. Durch die Mikrostruktur können Störungen in Strömungsfeldern beseitigt werden. Dies wird dadurch erreicht, indem ein Fluidstrom durch das System aus Mikrokanälen geführt wird und sich der Fluidstrom auf die Einzelkanäle verteilt. Die Verteilung hängt im Wesentlichen von dem entstehenden Druckverlust in den Kanälen ab. Je höher die Strömungsgeschwindigkeit, umso höher ist auch der Druckverlust. Somit reguliert sich bei identischer Kanallänge und identischem Kanaldurchmesser der Einzelvolumenstrom so ein, dass näherungsweise durch alle Kanäle der gleiche Volumenstrom geführt wird. Damit können Störungen am Eintritt durch den "Gleichrichter" reduziert bzw. beseitigt werden.

Als weiteres Beispiel ist in Abbildung 2.7 ein Filter aus dem Bereich der Biotechnologie (Membran) dargestellt. Dieser wird u.a. für die Blutdialyse oder in der Medizindiagnostik eingesetzt. Der Medizinische Filter wird in der Regel aus einer Cellulose Acetat Lösung hergestellt. Die Herstellung erfolgt durch eine gezielte Konditionierung der Lösung durch einen Gaseintrag und eine geeignete Temperierung. Die Porengröße beträgt ca. 5 μm - 10 μm. Weitere Anwendungsfelder sind Membrane als Ionenaustauscher bei der Herstellung pharmazeutischer Produkte oder als Isolationssystem für Proteine [80].

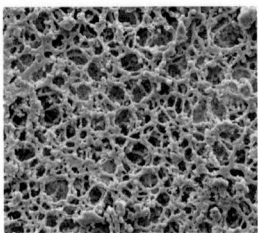
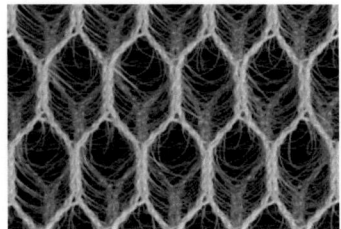

Abb. 2.7.: Filtermaterial aus der Biotechnologie [69]

Abb. 2.8.: Textiles Abstandsgewirke

Eine weitere technische Anwendung basierend auf porösen Strukturen stellt das textile Abstandsgewirke dar. Dieses ist in Abbildung 2.8 dargestellt. Textile Abstandsgewirke werden u.a. als Feuchteabsorber, als Isolationssystem und auch als Solarabsorber derzeit eingehend untersucht [13, 81, 15]. Textile Abstandsgewirke sind im Zusammenhang als Solarabsorbersystem nach dem Vorbild des Eisbärfells entstanden. Die Natur nutzt die transparente Wärmedämmung und setzt sie bei vielen Lebewesen im hochalpinen und arktischen Lebensraum ein. Gegen die arktische Kälte schützt sich der Eisbär mit einem dichten Fell, welches seinen Träger durch ein isolierendes Luftpolster zwischen den Haaren warm hält. Die farblosen hohlfaserähnlichen Haare des Eisbären sind in der Lage, durch den Einschluss kleinster Lufträume den Abfluss von Wärme wirksam zu unterbinden und die Sonnenenergie an die schwarze Haut (Epidermis) abzugeben. Nach diesem Prinzip wurde ein wärmeisolierendes Material auf textiler Basis entwickelt, das zum Beispiel für die Abdeckung von Sonnenkollektoren eingesetzt werden kann. Die lichtdurchlässige Oberseite des neu entwickelten Materials unterstützt durch eine spezielle Beschichtung die Weiterleitung des Sonnenlichts. Eine dunkle, absorbierende Schicht an der Unterseite unterstützt die Wärmegewinnung. Das faserbasierte Material ist leicht, flexibel, transluzent und bruchsicher – optimal geeignet für viele solarthermische Anwendungen.

2.1. Schaumstrukturen

Die offenporige Struktur z.B. eines Metallschaums, welche einem Pentagondodekaeder (siehe Abb. 2.9) ähnelt, ist vollständig durchströmbar und weist eine große Oberfläche auf. Dadurch ist dieser sehr gut als Wärmeübertrager geeignet. Die einzelnen Stege, die die Pore umschließen, werden im Falle einer Durchströmung mit einem Fluid umspült. Die Stege stellen somit einen wesentliches Strömungshindernis dar. Die Länge, die Dicke und die Form der Stege spielen bei der Umströmung und dem einhergehenden konvektiven Wärmeübergang eine wichtige Rolle, da diese für die strukturelle Oberfläche, den konduktiven Wärmetransport und den Strömungswiderstand verantwortlich sind. Mit dem Porenvolumen allein kann zwar indirekt das durchströmbare Volumen bestimmt werden, aber für den Wärmeübergang und den Druckverlust sind Ablösegebiete mit entscheidend, die sich im Nachlauf einer Umströmung eines Steges ergeben. Die dabei entstehenden Turbulenzgebiete erhöhen z.B. den Wärmeübergang, aber auch den Druckverlust.

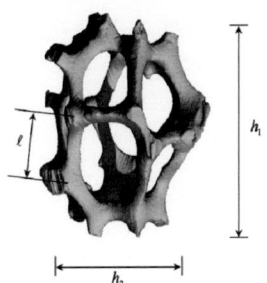

Abb. 2.9.: Geometrische Grundstruktur einer Pore (Jang et. al. [19])

In der ausführlichen Arbeit von Jang et. al. [19] wurde die Morphologie von technischen offenporigen Schäumen aus Polyester, Urethane und

Aluminium vermessen (Tomographie) und die geometrischen Kenngrößen erarbeitet. Für einen 10 ppi Schaum aus Aluminium wird eine relative Dichte von $\varrho_{rel} = 8.23$ % und eine mittlere Porenhöhe von $h_1 = 0.184\ mm$ angegeben. Bei einer Dichte von Aluminium von $\varrho_{Al} = 2960\ \frac{kg}{m^3}$ ergibt sich eine effektive Schaumdichte von $\varrho_e = 221.4\ \frac{kg}{m^3}$. Eine detaillierte Untersuchung der Porenformen zeigt, dass diese teilweise unterschiedlich ausgeprägt sind. Somit ist Aluminiumschaum eher als anisotropes Material anzusehen, wie auch zuvor bei Untersuchungen mit PU-Schäumen festgestellt wurde (Benouali et. al. [70]).

Zum Vergleich mit den angegebenen Werten wurde eine einfache Vermessung von Gewicht, Durchmesser und Höhe von zur Verfügung gestellten Metallschaumproben, wie sie in Abbildung 2.10 zu sehen sind, durchgeführt. Es wurden 10 ppi, 20 ppi und 30 ppi Metallschaumproben hinsichtlich ihrer Geometrie und Ihres Gewichtes vermessen. Aus den einzelnen Messwerten wurden Durchschnittswerte ermittelt, auf deren Basis dann die relative Dichte der Metallschaumproben ermittelt werden konnte. Die Ergebnisse dieser Vermessung von Proben sind in Tabelle 2.1 dargelegt. Interessanterweise nimmt die effektive Dichte mit zunehmender Porendichte nicht gleichmässig ab. Die höchste effektive Dichte ($236.833\ \frac{kg}{m^3}$) weist der Metallschaum mit 20 ppi auf. Dies ist ein deutlicher Hinweis auf einen höheren Metallanteil als bei den anderen Metallschaumproben. Bei der relativen Dichte zeigt sich ein ähnlicher Trend. Da bei der Berechnung der relativen Dichte die Dichte von Aluminium eingeht, sind die angegebenen Werte mit einer Unsicherheit behaftet. Während in gängiger Literatur eine Dichte für Aluminium [83] von $\varrho_{Al} = 2700\frac{kg}{m^3}$ angegeben wird, wird in [19] ein deutlich höherer Wert (s.o.) angegeben.

Tab. 2.1.: Materialkennwerte vermessener Metallschaumproben (d und h Mittelwerte für verschiedene Proben)

PD	V_g $[10^{-6} \cdot m^3]$	d [mm]	h [mm]	m $[10^{-3} \cdot kg]$	ϱ_e $[\frac{kg}{m^3}]$	ϱ_{rel} [%]
10	29.949	43.475	20.175	5.125	171.124	6.398
20	30.296	43.325	20.55	7.175	236.833	8.855
30	29.803	43.45	20.1	4.45	149.312	5.582

Abb. 2.10.: Messung des Durchmessers der Metallschaumprobe

Abb. 2.11.: Messung des Gewichts eines 30 ppi Metallschaumes

$$\varrho_{rel} = 1.05 \cdot (\frac{d}{L})^2 \cdot (1 - 0.5 \cdot (\frac{d}{L})) \quad \left[\frac{kg}{m^3}\right] \quad \text{mit} \quad \left\{ \begin{array}{ll} d & \text{Stegdicke} \\ L & \text{Steglänge} \end{array} \right\} \tag{2.1}$$

In [23] wird eine Korrelation (siehe Gl. 2.1) zur Berechnung der relativen Dichte von Metallschäumen in Abhängigkeit von Stegdicke und -länge angegeben. Diese Beziehung wurde anhand von Messungen an verschiedenen Metallschaumproben erarbeitet. Gegenüber den angegebenen Messwerten weichen die berechneten relativen Dichten doch um einiges voneinander ab. Für einen 10 ppi Aluminiumschaum wird z.B. eine gemessene relative Dichte von $\varrho_{rel} = 8.2$ % und eine berechnete Dichte von $\varrho_{rel} = 4.9$ % bzw. $\varrho_{rel} = 10.8$ % angegeben. Die Streuung der Werte ist relativ hoch, wohingegen der gemessene Wert im Vergleich zu [19] nur eine geringfügige Abweichung von 0.03 % aufweist. Der Hersteller *m-pore GmbH* benützt bei der Produktion von Aluminiumschäumen einen Siliciumanteil von 7 %. Bei einer Dichte des Siliciums von $\varrho_{SI} = 2336\frac{kg}{m^3}$ und der des Aluminiums von $\varrho_{Al} = 2700\frac{kg}{m^3}$ ergibt sich eine Dichte von $\varrho_{leg} = 2674.2\frac{kg}{m^3}$ für die Legierung. Dieser Wert weicht erheblich von dem in [19] angegebenen Wert (s.o.) ab. Somit lassen sich die relativen Dichten aus den beiden Quellangaben [23] und [19] nicht direkt vergleichen.

In Tabelle 2.2 sind zusammenfassend die recherchierten geometrischen Größen für einen 10 ppi Aluminiumschaum vergleichend dargestellt, wobei der jeweiligen Angabe die entsprechende Dichte ϱ_{leg} für die jeweilige

Aluminiumlegierung zugrunde gelegt ist. Fazit: eine Angabe wie "10 ppi Aluminium-Metallschaum" zur Beschreibung einer Porosität ist unzureichend.

Tab. 2.2.: Materialkennwerte für einen 10 ppi Al-Schaum aus verschiedenen Quellen

Quelle	ϱ_{rel} [%]	ϱ_{leg} [$\frac{kg}{m^3}$]	ϱ_e [$\frac{kg}{m^3}$]
Messung ([23])	8.2	2674	219.3
Tomographie ([19])	8.23	2960	221.4
Eigene Messung	6.4	2674	171.1

2.2. Textile Abstandsgewirke

Das im Rahmen des Forschungsvorhabens Eisbärbauten entwickelte textile Abstandssystem setzt sich aus drei Lagen zusammen. In Abbildung 2.12 sind die einzelnen textilen Schichten aufgezeigt. Die unterste textile Schicht befindet sich auf einer sehr dünnen schwarzen Silikonschicht, die als Absorptionsschicht für die Solarstrahlung dient. Diese Schicht wird mit Luft durchströmt, so dass die absorbierte Wärme durch den Luftstrom konvektiv aufgenommen und z.B. in einen Wärmespeicher geführt werden kann. Das Funktionsprinzip ist in Abbildung 2.13 dargestellt. Das Funktionstextil in seiner Komposition kann als Dachelement für ein Tragwerk (z.B. Dach für ein Gebäude) ausgeführt werden. Entscheidend für die Wirkungsweise ist die Fähigkeit des Komposites Strahlung möglichst vollständig "durchzulassen" und auf der Absorptionsebene (Silikon) zu sammeln. Gleichzeitig soll das System isolierend gegen konduktive und konvektive Verluste wirken.

Die Abstandsgewirke werden zwischen Gewirken, die nur Monofilamente (Abbildung 2.12, Layer II und III) und Gewirken, die Multifilamente in Franselegung mit Monofilamenten (Abbildung 2.12, Layer I), unterschieden. Die Herstellung von Abstandsgewirken ist in [36, 33] und [16]

ausführlich beschrieben und soll hier nicht weiter betrachtet werden. Eine Prinzipskizze zur Herstellung von Abstandsgewirken ist in Abbildung 2.14 dargestellt. Die Materialdicke kann von $2\ mm$ bis über $60\ mm$ betragen. Die Wabengröße mit den räumlichen Monofilamenten beträgt bei Layer 2 und 3 ca. $350\ mm^2$ und bei Layer 1 ca. $105\ mm^2$. Bei der Durchströmung des Gewirkes in Normalenrichtung stellen die Wabenränder und die Monofilamente den eigentlichen Strömungswiderstand dar, da diese umströmt werden müssen und den freien Querschnitt reduzieren. Bei einer Durchströmung in Querrichtung (siehe Abbildung 3.2) ist die Versperrung durch Monofilamente höher. Detaillierte Untersuchungen zur Ermittlung des Druckverlustes bei Querdurchströmung des Layer 1 wurden im Rahmen des Forschungsvorhabens Eisbärbauten [81] durchgeführt. Der inzwischen fertiggestellte Eisbärpavillon ist in Abbildung 2.15 dargestellt. Aktuell werden umfangreiche Messungen zum Wärmeübergang bei der Durchströmung des Textils durchgeführt, deren Ergebnisse gespannt erwartet werden.

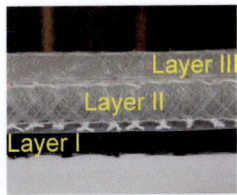

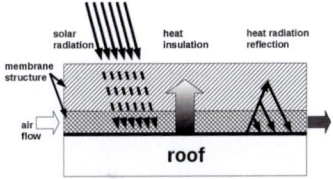

Abb. 2.12.: Entwickeltes textiles Material nach dem Vorbild des Eisbärs [15]

Abb. 2.13.: Funktionsprinzip eines Textils zur solarthermischen Nutzung als Kollektor

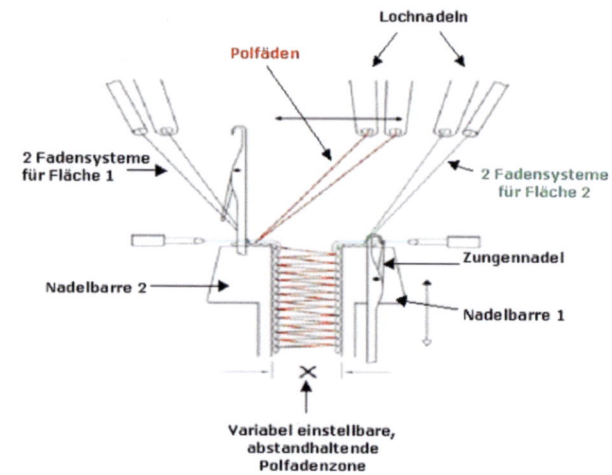

Abb. 2.14.: Herstellung Abstandsgewirke [36]

Abb. 2.15.: Der Eisbärpavillon in Stuttgart-Denkendorf

2.3. Sartobind-Membran

Sartobind-Membranen [69] besitzen adsorptive Eigenschaften und werden in sogenannten Membranadsorber-Modulen eingebaut. Es handelt sich dabei um eine vliesverstärkte mikroporöse Membran aus regenerierter Cellulose, die anschließend durch das Pfropfen von verschiedenen Liganden modifiziert werden. Die Membran hat eine Porengröße von 3 μm und eine Porosität von ca. 80 %. Je nach Liganden erzielt man verschiedene adsorptive Eigenschaften:

- Ionenaustauscher

- Hydrophobe Wechselwirkungen

- Bioaffinität (z.B. Protein A)

Membranadsorber-Module werden bei der Aufreinigung von biopharmazeutischen Proteinen (monoklonale Antikörper, Insulin usw.) und Viren (Impfstoffe) verwendet. Sie wurden entwickelt, um die problematische Diffusionslimitierung von konventionellen chromatographischen Gelen zu vermeiden. Sie ermöglichen somit eine Verbesserung der chromatischen Kinetik und der Proteinaufreinigung.

Abb. 2.16 zeigt den Stofftransport in Gelpartikeln und in Membranadsorbern. Bei der konventionellen Gelchromatographie müssen Proteine aus dem Bulk in die porösen Gelpartikel hinein diffundieren. In Membranadsorber findet dagegen der effektive Stofftransport überwiegend durch die Konvektion statt.

2.4. Shifted Grid

Wie bereits dargelegt existiert die poröse Struktur des Shifted Grid noch nicht in der Praxis. Zwar existieren bereits eine Reihe an Ansätzen grobporiger und regelmäßiger Strukturen [45], ähnlich eines Metallschaums, aber mit gleichmäßigen Abständen zwischen den Stegen und einer regelmässigen Gesamtanordnung der Strukturstege. Abb. 2.17 zeigt beispielhaft eine synthetische Struktur, die zum Zwecke der Erhöhung der Wärmeübertragung generiert wurde. Bewußt wurden die Metallstege mit einer

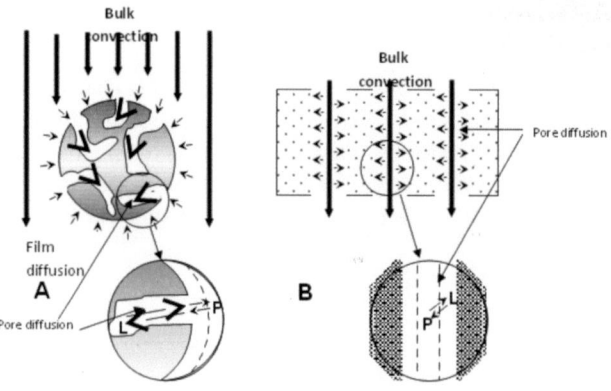

Abb. 2.16.: Vereinfachte Darstellung des Stofftransportes in Gelpartikeln (A) und in Membranadsorbern (B), P-Protein, L-Ligand, [69]

erheblich höheren Dicke als bei den Metallschäumen versehen, um den Wärmetransport zu forcieren. Ebenso wurden die Stege so angeordnet, dass Sie wie bei einer versetzten Anordnung von Zylindern innerhalb eines Strömungskanals, die Strömung zur Umströmung und Ablösung zwingen, wobei die Abstände so gewählt sind, dass die Ablösung mit erhöhtem Potential an Wärmeübertragung auf den nächsten Zylinder trifft. Das Shifted Grid Modell weist solch eine versetzte Anordnung in alle Raumrichtungen auf. Da bislang für diese Struktur noch keine realen Bauteile existieren, stellen die durch numerische Methoden zu ermittelnden Druckverluste und Wärmeübergangswerte eine Basis für weitere Entwicklungsarbeiten zum Thema Shifted Grid dar.

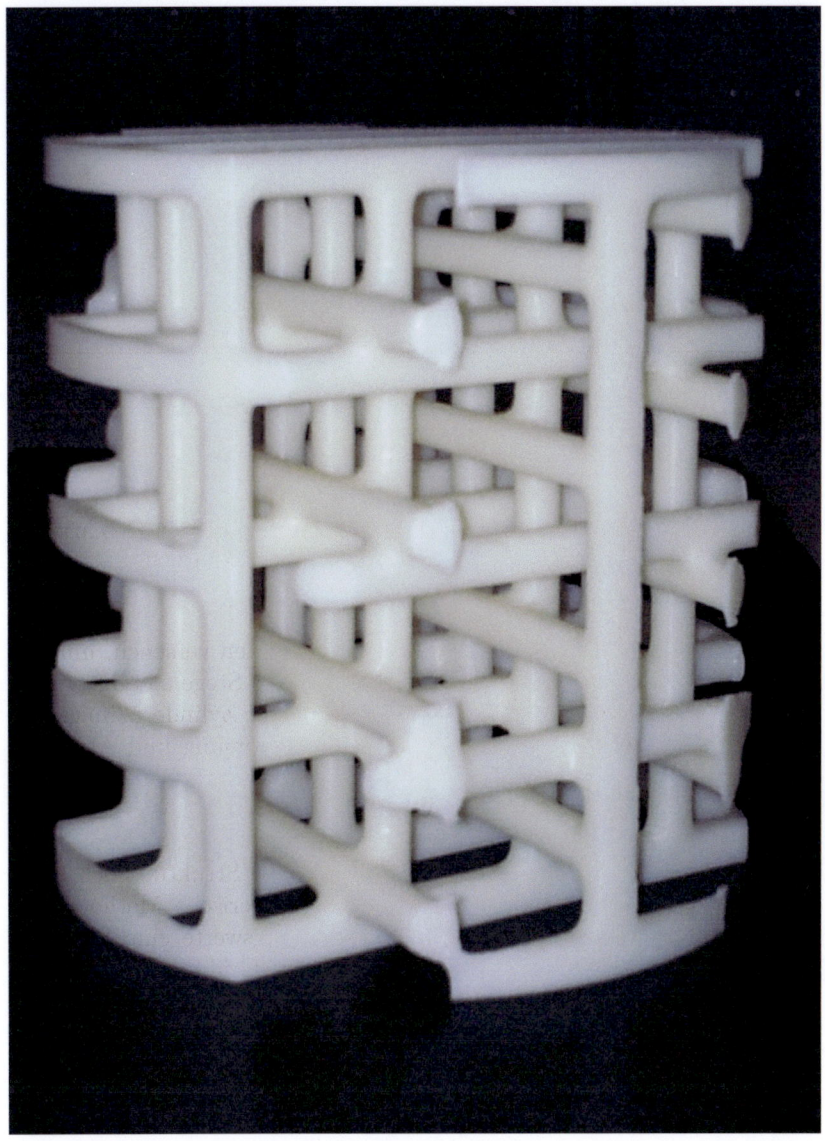

Abb. 2.17.: Aus virtuellem Modell generierter 3D-Kunststoffplot des Shifted Grid

3. Strömung und Wärmetransport in porösen Medien

3.1. Charakteristische Kenngrößen poröser Materialien

Denken wir uns einen porösen Würfel mit der Kantenlänge a, dessen Strukturanteil aus einem bestimmten Feststoff besteht und durch ein Fluid umgeben ist. Das Volumen des Würfels V_g ist somit bekannt. Das Verhältnis von Porenvolumen zum Gesamtvolumen eines porösen Feststoffes wird Porosität Φ genannt. Die Porosität, z.B. im Falle des medizinischen Filters, lässt sich z.B. mit der Niedrigdruck-Quecksilber / Helium-Pyknometrie bestimmen. Bei technischen Schäumen wird zumeist die Porendichte in Poren pro inch mit der Abkürzung *ppi* zur Charakterisierung der Schäume angegeben. Allerdings gibt dieses Maß keinerlei Auskünfte über die Porengröße d_p, die Stegdicke t_p, Steglänge l_p und die Stegform. In Abbildung 3.1 sind beispielhaft Metallschäume mit unterschiedlicher Porendichte dargestellt.

Zur geometrischen Beschreibung von Porositäten unterschiedlicher Art ist es sinnvoll einige Definitionen einzuführen. Folgende Größen haben sich für die Beschreibung von z.B. Schaumstrukturen bewährt:

$$\varrho_p = \frac{m_g}{V_g} \quad \left[\frac{kg}{m^3}\right] \quad \text{mit} \quad \left\{ \begin{array}{ll} \varrho_p & \text{Effektive Dichte der Porosität} \\ m_g & \text{Gesamtmasse der Porosität} \\ V_g & \text{Gesamtvolumen der Porosität} \end{array} \right\}$$

$$(3.1)$$

$$\varrho_{rel} = \frac{\varrho_p}{\varrho_s} \quad [\%] \quad \text{mit} \quad \left\{ \begin{array}{ll} \varrho_{rel} & \text{Relative Dichte} \\ \varrho_s & \text{Dichte der Schaumstruktur} \end{array} \right\} \quad (3.2)$$

$$\Phi = \frac{V_p}{V_g} \quad [\%] \quad \text{mit} \quad \left\{ \begin{array}{ll} \Phi & \text{Porosität} \\ V_p & \text{Porenvolumen} \end{array} \right\} \quad (3.3)$$

Abb. 3.1.: Metallschäume mit unterschiedlicher Porendichte

Abb. 3.2.: Durchströmbares textiles Abstandsgewirke

In der Geotechnik oder auch der Medizintechnik wird bevorzugt der Begriff Permeabilität (siehe Gleichung 3.4) verwendet. Unter Permeabilität wird die Durchlässigkeit einer porösen Struktur für ein Fluid verstanden. Die Porengröße und die Verteilung der Poren innerhalb einer porösen Struktur hängt entscheidend davon ab wie die poröse Struktur hergestellt wird bzw. im Falle von natürlichen Porositäten, wie diese entstehen. Bei technischen Schäumen wie z.b. Metallschäumen sind die Poren näherungsweise gleichmässig über das Volumen verteilt. Bei der Herstellung von Membranen (Medizinfilter) wird eine Polymerlösung auf ein Stahlband aufgebracht und durch eine Gas- und Temperaturkonditionierung verfestigt. Dabei bilden sich unterschiedliche Porengrößen heraus, die sich in ihrer Verteilung tendenziell über die Dicke der Membran (1-3 mm) in Richtung der Bandauflage verkleinern. Damit ist keine Gleichverteilung der Poren gegeben. Im Falle der Abstandsgewirke erfolgt die Herstellung über Webmaschinen, die je nach Auslegungsvorgaben Fäden durch eine geeignete Verknüpfung zu einer porösen Struktur verbinden, wobei in diesem Fall eine sehr hohe Regelmässigkeit der Abstandsfäden erzielt wird. In Abbildung 3.2 ist ein Abstandsgewirke dargestellt. Von Poren im eigentlichen Sinne kann bei Abstandsgewirken nicht gesprochen werden, da die Abstandsfäden jeweils von oben nach unten verlaufen und somit keine Querverbindungen untereinander aufweisen.

$$
K = \frac{\dot{V} \cdot \mu \cdot l}{\Delta p \cdot A} \quad [\%] \quad \text{mit} \quad
\left\{
\begin{array}{ll}
K & \text{Permeabilität} \\
\dot{V} & \text{Volumenstrom} \\
\mu & \text{dynamische Viskosität} \\
l & \text{durchströmte Länge} \\
\Delta p & \text{Druckdifferenz} \\
A & \text{durchströmte Querschnittsfläche}
\end{array}
\right\}
\tag{3.4}
$$

Zum Verständnis der Strömungsvorgänge in porösen Medien werden in den folgenden Abschnitten einige Grundlagen der Strömung mit Reibung dargelegt. Während für die Berechnung des Druckverlustes und der Wärmeübertragung z.B. von durchströmten Komponenten wie Rohren, Diffusoren, Düsen etc. bzw. umströmten Körpern wie Tragflügeln, Gebäude, Züge usw. durch umfangreiche experimentelle Untersuchungen empirische Beziehungen dem Ingenieur zur Verfügung stehen, stellen Strömungsvorgänge durch Porositäten ein noch wenig erforschtes Gebiet dar. Zwar existieren eine Reihe an Korrelation zur Beschreibung des Druckverlustes wie z.B. die Forchheimer Gleichung, aber hinsichtlich der Wärmeübertragung werden meist aus Messungen abgeleitete Korrelationen vorgestellt, die im Speziellen nur auf "die" untersuchte Porosität

Anwendung finden. Bislang wurde zur numerischen Untersuchung z.B. des Druckverlustes die Porosität in den Modellen nicht im Detail aufgelöst. Die Modellierung erfolgte als Makroporosität. Dies mag zum Einen an dem enormen Rechenaufwand liegen zum Anderen aber auch an fehlenden Modellierungsmöglichkeiten von Mikrostrukturmodellen. Im Falle der Modellierung als Makroporosität kommt die Darcy-Forchheimer Ergänzung der Navier-Stokes-Gleichungen zum Tragen. Auf diesen Ansatz kommen wir in Kapitel 3.3.3 zurück. Besteht die Möglichkeit für Porositäten, wie in Kapitel 2 näher beschrieben, ein virtuelles Modell zu erzeugen, so kann die reibungsbehaftete Strömung anhand der numerischen Lösung der Navier-Stokes-Gleichungen berechnet werden. Dies umfasst auch die Wärmetransportvorgänge, die durch die gekoppelte Fluid-Struktur Berechnung anhand eines aufgelösten Detailmodells bewältigt werden können. Die im Rahmen dieser Untersuchung generierten und für die Berechnung anhand der numerischen Lösung der Navier-Stokes-Gleichungen für Fluid und Struktur verwendeten virtuellen Modelle werden in Kapitel 4.2 erläutert.

3.2. Grundlagen Strömung mit Reibung

Bei der Umströmung von Körpern oder bei der Durchströmung von Rohren, Kanälen etc. treten an einem Volumenelement im allgemeinen folgende Kräfte auf: Reibungskräfte, Trägheitskräfte, Druck- und Volumenkräfte. Dies gilt auch bei der Durchströmung von Porositäten. Zwischen dem Fluid und einer beströmten Wand bzw. sowohl als auch zwischen den Schichten im Inneren einer Strömung können außer den Normalkräften auch Tangentialkräfte (Reibungskräfte) übertragen werden [47]. Diese Reibungskräfte von Fluiden hängen mit einer Eigenschaft zusammen, die auch die Viskosität der Fluide genannt wird. Der Grund für die Tangentialkräfte an der Wand liegt daran, dass das Fluid an der Wand haftet (Haftbedingung).

3.2.1. Viskosität

Im Falle einer Durchströmung eines Systems wird das Fluid stets geführt. Im Falle der Couette-Strömung zwischen zwei ebenen Platten wird die

Strömung durch die Bewegung der oberen Platte mit der konstanten Geschwindigkeit C erzeugt. Es entsteht eine Scherströmung zwischen der festen und bewegten Platte. Durch Experimente konnte gezeigt werden, dass sich eine lineare Geschwindigkeitsverteilung über die Spalthöhe von unterer zu oberer Platte einstellt.

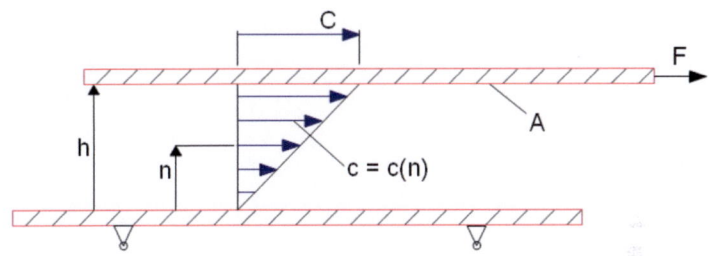

Abb. 3.3.: Couette-Strömung, Ortsplan

Zum Zeitpunkt $t > 0$ stellt sich ein lineares Geschwindigkeitsprofil c(n) ein.

$$c(n) = C \cdot \frac{n}{h} \quad \left[\frac{m}{s}\right] \quad \text{mit} \quad \left\{ \begin{array}{ll} C = h \cdot \dot{\gamma} & \text{Plattengeschwindigkeit} \\ \dot{\gamma} = \frac{c(n)}{n} & \text{Schergeschwindigkeit} \end{array} \right\} \tag{3.5}$$

Zur Aufrechterhaltung der Deformation des Fluides wird eine Schubkraft F_s benötigt. Wird ein Newtonsches Fluid definiert durch $\mu = konst$

$$\tau = \mu \frac{dc}{dn} \quad \left[\frac{N}{m}\right] \quad \text{mit} \quad \left\{ \begin{array}{ll} \tau & \text{Schubspannung} \\ \mu & \text{dynamische Viskosität} \end{array} \right\} \tag{3.6}$$

so lässt sich die Schubspannung aus oben genannter Gleichungen wie folgt ausdrücken:

$$\tau = \mu \frac{dc}{dn} = \mu \frac{C}{h} = \mu \cdot \dot{\gamma} \tag{3.7}$$

Bei Newtonschen Fluiden ist somit die Schubspannung proportional zur Deformationsgeschwindigkeit. Der Proportionalitätsfaktor ist dabei die dynamische Viskosität. Häufig wird in der Praxis auch die kinematische Viskosität verwendet. Diese berechnet sich wie folgt:

$$\nu = \frac{\mu}{\varrho} \quad \left[\frac{m^2}{s}\right] \quad \text{mit} \quad \{\ \varrho \quad \text{Dichte des Fluids}\ \} \tag{3.8}$$

Ist die dynamische Viskosität ebenfalls von der Scherrate abhängig, so handelt es sich bei dem Fluid nicht mehr um ein Newtonsches Medium. Dies tritt bei organischen Substanzen wie z.B. Blut auf, wird aber an dieser Stelle nicht weiter ausgeführt, da für die meisten Anwendungen in der industriellen Technik von Newtonschen Medien ausgegangen werden kann.

Die Viskosität oder Zähigkeit genannt, ist temperaturabhängig. Mit wachsender Temperatur sinkt sie bei Flüssigkeiten und steigt bei Gasen (siehe auch Tabelle 3.1). Die Zähigkeit ist ein makroskopischer Effekt, der durch den molekularen Impulsaustausch der einzelnen Fluidpartikel hervorgerufen wird.

Temperatur	Luft	Wasser	Farolin-U
	ν_L	ν_W	ν_F
$°C$	$[10^{-6}\,m^2/s]$	$[10^{-6}\,m^2/s]$	$[10^{-6}\,m^2/s]$
0	13.52	1.792	2350
10	14.42	1.306	1975
20	15.35	1.003	800
30	16.30	0.801	580
40	17.26	0.658	300
60	19.27	0.474	160
80	21.35	0.365	95

Tab. 3.1.: Kinematische Zähigkeit von Luft, Wasser und Farolin-U in Abhängigkeit der Temperatur

3.2.2. Reynoldsches Ähnlichkeitsgesetz

Strömungen, die einen ähnlichen Verlauf der Stromlinien aufzeigen und ähnliche Begrenzungen besitzen, muß die Bedingung erfüllt sein, dass die auf ein Volumenelement wirkenden Kräfte in gleichem Verhältnis zueinander stehen [38]. An einem Volumenelement wirken wie bereits erwähnt folgende Kräfte:

- Reibungskräfte (proportional zur Viskosität μ)

- Trägheitskräfte (proportional zur Dichte ϱ)

- Druck- und Volumenkräfte (z.B. Schwerkraft)

Postulat: Unter der Annahme, dass bei zwei Rohrströmungen (1 und 2) das Verhältnis aus Trägheitskräften (F_t) und Reibungskräften (F_r) gleich bleibt, sind diese zueinander ähnlich.

$$\frac{F_{r1}}{F_{r2}} = \frac{F_{t1}}{F_{t2}} \quad \text{bzw.} \quad \frac{F_{r1}}{F_{t1}} = \frac{F_{r2}}{F_{t2}} \tag{3.9}$$

$$F_r = A \cdot \tau = A \cdot \mu \cdot \frac{du}{dy} \tag{3.10}$$

Die Reibungskraft F_r kann durch das Newtonsche Reibungsgesetz (siehe Gl. 3.7 formuliert werden. Wird weiterhin die geometrische Größe A durch die geometrische Länge L ausgedrückt, so ergibt sich:

$$F_r = A \cdot \mu \cdot \frac{du}{dy} \sim L^2 \cdot \mu \cdot \frac{u}{L} = L \cdot u \cdot \mu \tag{3.11}$$

Die Trägheitskraft läßt sich anhand des Newton'schen Gesetzes der Mechanik formulieren.

$$F_t = m \cdot a \tag{3.12}$$

Wird analog zu Gleichung 3.11 ebenfalls die geometrische Größe V durch die geometrische Länge L ausgedrückt, ergibt sich für die Trägheitskraft F_t:

$$F_t = \rho \cdot V \cdot a \sim \rho \cdot L^3 \cdot a \qquad (3.13)$$

mit

$$a = \frac{u}{t} \qquad (3.14)$$

sowie

$$t = \frac{L}{u} \qquad (3.15)$$

$$F_t = \rho \cdot L^3 \cdot \frac{u^2}{L} = \rho \cdot L^2 \cdot u^2 \qquad (3.16)$$

Durch Einsetzen in Gl. 3.9 und dem Gleichsetzen der beiden Quotienten und entsprechender Umformungen erhält man schließlich mit

$$\nu = \frac{\mu}{\rho} \qquad (3.17)$$

die Ähnlichkeitsbeziehung zwischen den beiden Rohrströmungen.

$$\frac{L_1 \cdot u_1}{\nu_1} = \frac{L_2 \cdot u_2}{\nu_2} \qquad (3.18)$$

Die Definition der Reynolds-Zahl leitet sich daraus wie folgt ab:

$$Re = \frac{u \cdot L}{\nu} \left(= \frac{\text{Geschwindigkeit} \cdot \text{charakteristischer Länge}}{\text{kinematische Viskosität}} \right) \qquad (3.19)$$

Die Gl. 3.19 lässt sich allerdings nur zur Bewertung der Strömungsform für durchströmte und umströmte Systeme ohne weiteres anwenden, aber im Fall von durchströmten porösen Systemen werden alternative Definitionen der Reynolds-Zahl angegeben. So findet sich in der Literatur [26, 28] eine modifizierte Reynolds-Zahl, die anhand des Widerstandsverhaltens durch Kugelschüttungen, nämlich anhand der Permeabilität K angenähert werden. Gängig für diesen Fall der durchströmten Porosität ist folgende Korrelation:

$$Re_K = \frac{\varrho \cdot u \cdot K^{1/2}}{\mu} \qquad (3.20)$$

Diese Methode ist weit verbreitet, da die Permeabilität relativ einfach experimentell ermittelt werden kann. Eine verbesserte Methode um eine Strömung z.B. durch einen Metallschaum zu charakterisieren, entsteht aus Gleichung 3.20 durch das Erstzen von $K^{1/2}$ durch den Porendurchmesser. Daraus resultiert für die Reynolds-Zahl für z.B. durchströmte Schaumstrukturen wie Metallschaum:

$$Re = \frac{\varrho \cdot u \cdot d_p}{\mu} \qquad (3.21)$$

Die Reynolds-Zahl in porösen Medien wie z.B. Metallschaum fällt im Vergleich mit Schüttungen oftmals viel höher aus. Dies kann damit erklärt werden, dass der Strömungsverlauf durch die geometrische Form von z.B. Metallschaumstegen gegenüber Kugeln oder dicht gepackten Teilchen doch lokal stark unterschiedlich sein kann. Im Zusammenhang völlig unterschiedlicher poröser Medien, wie z.B. dem Textil oder auch der Filterstruktur, lassen sich die modifizierten Reynolds-Zahlen nicht ohne weiteres anwenden. Mehr oder weniger ist die Gültigkeit von Gleichung 3.21 auf isotrope offenporige Schaumstrukturen limitiert.

3.3. Laminare und turbulente Strömungen

Abbildung 3.4 zeigt die Ergebnisse eines Farbfadenversuchs, der auf O. Reynolds zurückgeht. Durch ein feines Röhrchen wird einer Strömung eine farbige Flüssigkeit zugeführt. Weiterhin wurde systematisch die Strömungsgeschwindigkeit bzw. die Reynolds-Zahl erhöht. Anhand dieses Versuches konnte festgestellt werden, dass Strömungen grundsätzlich in zwei unterschiedlichen Formen auftreten. Durch die Farbeinbringung war es möglich diese beiden Strömungsformen sichtbar zu machen. Bei einer systematischen Erhöhung der Reynolds-Zahl konnte eine kritische Reynolds-Zahl (Re_{krit}) identifiziert werden, bei der der zuvor geradlinige, parallel zur Rohrachse verlaufende Farbfaden dann unregelmäßige Querbewegungen ausführt, die sehr schnell zu einem vollständigen Zerflattern des Farbfadens führen. Damit konnte der Übergang von laminarer, also in Schichten verlaufender Strömungsform, in eine turbulente Strömung mit unregelmäßigen, zufallsbedingten Schwankungsbewegungen, aufgezeigt werden. Die Entstehung der turbulenten Strömung kann anhand der Abbildung 3.4 (Bild oben: laminare Strömung, Bild unten: turbulente Strömung, Bilder dazwischen: Übergang von laminarer zu turbulenter Strömung) deutlich aufgezeigt werden. Als kritische Reynolds-Zahl konnte anhand der Versuche $Re_{krit} = 2300$ ermittelt werden. Der Übergang von laminarer in die turbulente Strömung ist somit nur von der Reynolds-Zahl abhängig. In [47] wird die turbulente Strömung mit Stabilitätsproblemen erklärt, wobei die Ursache für die Turbulenz in der Grenzschicht zu finden ist [38]. Im Kontaktbereich von Fluid und Wand werden ab einer kritischen Reynolds-Zahl kleine Wirbel gebildet, die ins Fluidinnere eindringen und das makroskopische Turbulenzverhalten hervorrufen.

Die Reynoldsche Beschreibung turbulenter Strömung führt uns damit zur instationären Betrachtung der Feldgröße Geschwindigkeit ($u(x, y, z, t)$). Wird diese Feldgröße additiv zerlegt in einen zeitlichen Mittelwert $\bar{u}(x, y, z)$ und eine Schwankungsbreite $u'(x, y, z, t)$ mit $u(x, y, z, t) = \bar{u}(x, y, z) + u'(x, y, z)$ (für die Geschwindigkeitskomponenten v und w analog), kann durch die zeitliche Mittelung an einem Ort (mit einem entsprechend großen Zeitintervall) festgestellt werden, dass die zeitlichen Mittelwerte der Schwankungsgrößen verschwinden. Diese Schwankungsgeschwindigkeiten u', v', w' enthalten die charakteristischen Eigenschaften turbulenter Strömungen. Der Turbulenzgrad T_u in einem Stromfeld kann anhand folgender dimensionsloser Größe bestimmt werden:

$$T_u = \frac{\sqrt{(u')^2}}{\bar{u}} \tag{3.22}$$

Der Zähler steht hierbei als charakteristisches Maß für die Schwankungsbreite und wird auf die mittlere Strömungsgeschwindigkeit an einer bestimmten Stelle bezogen.

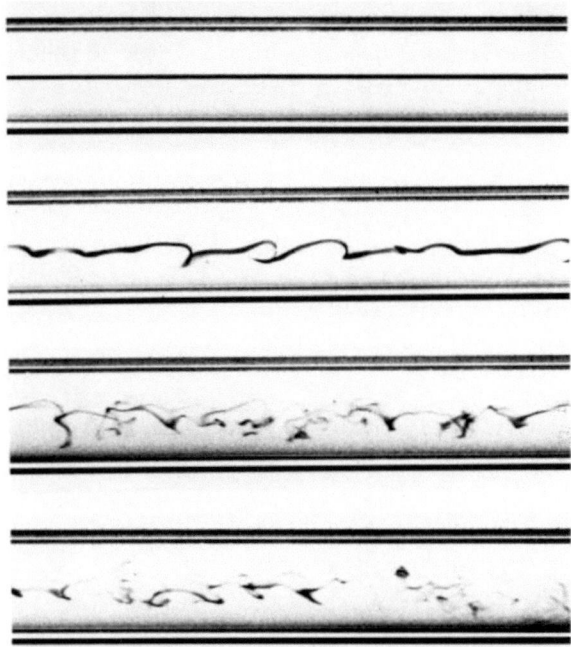

Abb. 3.4.: Farbfadenversuch nach O. Reynolds [65]

3.3.1. Druckabfall in Kreisrohren und Kanälen

Bei einer Schichtenströmung (laminare Strömung) im Rohr ist der Druckabfall, wie in der Grenzschicht, über den Querschnitt konstant. Die Druckdifferenz in Strömungsrichtung hält die Bewegung aufrecht. Da die Strömung ausgebildet ist, geht in diesem Fall eine resultierende Impulskraft nicht ein. Es herrscht ein Gleichgewicht zwischen den Druckkräften und der Reibungskraft. Das Kräftegleichgewicht kann mit folgender Beziehung ausgedrückt werden:

$$\pi r^2 p_1 - \pi r^2 p_2 - \|\tau\| 2\pi r l = 0 \qquad (3.23)$$

Wird τ aus Gleichung 3.7 eingesetzt, so kann für den in radialer Richtung anliegenden Geschwindigkeitsgradient folgende Beziehung abgeleitet werden:

$$\frac{dc}{dr} = -\frac{\Delta p}{l}\frac{1}{2\mu}r \tag{3.24}$$

Durch eine entsprechende Integration mit der Haftbedingung (r=R, c=0) folgt für die laminare Strömungsform die parabolische Geschwindigkeitsverteilung

$$c(r) = c_{max}(1-\frac{r^2}{R^2}) \quad \text{mit} \quad \left\{ \begin{array}{ll} c_{max} = \frac{\Delta p}{l}\frac{R^2}{4\mu} & \text{Maximalgeschw.} \\ l & \text{Rohrlänge} \\ R & \text{Rohrradius} \\ \mu & \text{dynamische Viskosität} \\ \Delta p & \text{Druckdifferenz} \end{array} \right\} \tag{3.25}$$

Weiterhin kann durch die Integraton des Geschwindigkeitsprofils aus Gleichung 3.25 der Volumenstrom nach Hagen-Poiseuille wie folgt bestimmt werden:

$$\begin{aligned} \dot{V} &= c_m \cdot A \tag{3.26}\\ &= \int c \cdot dA \\ &= \int_{r=0}^{R} c_{max}(1-\frac{r^2}{R^2})2\pi r dr \\ &= A\frac{c_{max}}{2} \\ &= \frac{\pi}{8}\frac{\Delta p R^4}{l\mu} \end{aligned}$$

Zur Ermittlung der Druckabnahme in Abhängigkeit eines vorgegebenen Volumenstromes folgt unmittelbar aus Gleichung 3.27 ein interessanter Zusammenhang, der uns in der Diskussion des Druckverlustes durch Porositäten eine gute Grundlage bietet.

$$\Delta p = \lambda_{lam} \frac{l}{D} \frac{\varrho}{2} c_m^2 \quad \text{mit} \quad \left\{ \lambda_{lam} = \frac{64}{Re_D} \quad \text{Rohrreibungszahl} \right\} \quad (3.27)$$

Gleichung 3.27 wird auch als Druckverlustformel für die Rohrströmung bezeichnet. Im Falle eines nicht kreisförmigen Querschnittes kann ein hydraulischer Durchmesser $D_h = \frac{4A}{U}$ gebildet werden, der wiederum als charakteristische Länge in der Berechnung der Reynolds-Zahl verwendet werden kann. Wird für $\lambda_{lam} = \frac{64}{Re_D}$ eingesetzt und für die Reynolds-Zahl $Re_D = \frac{c_m D}{\nu}$ eingesetzt, so wird deutlich, dass zwischen dem Druckverlust Δp und der mittleren Strömungsgeschwindigkeit c_m ein linearer Zusammenhang besteht. Dieser lineare Zusammenhang für kleine Geschwindigkeiten (laminar) wird auch Darcy-Term genannt und wird uns im Zusammenhang mit dem Druckverlust in porösen Medien wieder begegnen.

Im Falle einer turbulenten Rohrströmung ist die Kenntnis der zeitlichen Mittelwerte der Größen Druck- und Wandschubspannungskräften erforderlich. Die zeitlichen Mittelwerte der Druck- und Wandschubspannnungskräfte stehen bei einer turbulenten Strömungsform hierbei im Gleichgewicht. Nach geeigneter Mittelung kann als Druckverlustformel für turbulente Rohrströmungen folgende Beziehung abgeleitet werden:

$$\Delta \bar{p} = \lambda_{turb} \frac{l}{D} \frac{\varrho}{2} \bar{c}_m^2 \quad \text{mit} \quad \left\{ \lambda_{turb} = \frac{0,3164}{Re_D^{0,25}} \quad \text{turb. Rohrreibungszahl} \right\}$$
$$(3.28)$$

Somit ist der Aufbau der Druckverlustformel für laminare und turbulente Strömungen identisch. Der einzige Unterschied wird mit der Rohrreibungszahl ausgedrückt, wobei im Falle der turbulenten Rohrströmung die Rohrreibungszahl je nach Rohrrauhigkeit unterschiedlich berechnet werden muß. Hierzu sei das Diagramm von Nikuradse [47] erwähnt, das für eine unterschiedliche Oberflächenbeschaffenheit (Rauigkeit) der Rohrinnenfläche die Bestimmung der entsprechenden Rohrreibungszahl für turbulente Rohrströmungen ermöglicht [47, 38, 86, 43, 29, 83]. Weiterhin sei an dieser Stelle noch erwähnt, dass die in Gleichung 3.28 angegebene Korrelation zur Berechnung der Rohrreibungszahl nach seinem Erfinder Blasius-Gleichung genannt wird [47]. Die Blasius-Gleichung wurde durch die Interpolation von Messergebnissen erzielt und ist für hydraulisch glatte Rohre bis zu einer Reynolds-Zahl von $Re = 1 \cdot 10^5$ gültig. Somit besteht für turbulente Strömungen kein linearer Zusammenhang zwischen dem Betriebspunkt, der durch die mittlere Strömungsgeschwindkeit $\bar{c}_m$ beschrieben ist, und dem Druckverlust $\Delta\bar{p}$. Vielmehr gilt $\Delta\bar{p} \sim \bar{c}_m^{1.75}$.

3.3.2. Druckabfall in porösen Materialien

Bei der Durchströmung einer Porosität ist die Bestimmung des Druckverlustes ebenso von Bedeutung wie bei Rohren oder anderen Strömungskomponenten, die keine Porosität enthalten, da die Überwindung des Druckverlustes stets mit einem Energieverlust einhergeht. Auf die Bestimmung der Permeabilität wurde bereits anhand Gleichung 3.4 eingegangen. Der Zusammenhang zwischen der Strömungsgeschwindigkeit u durch eine Porosität Φ und dem anliegenden Druckgradienten entlang der Rohrachse kann anhand des Darcy-Gesetzes nach Gleichung 3.29 ausgedrückt werden:

$$u = -\frac{K}{\mu}\frac{\partial p}{\partial x} \qquad (3.29)$$

Die Permeablität K ist dabei von dem Fluid unabhängig und hängt letzten Endes nur von der Geometrie der Porosität ab. Für ein isotropes Material ist die Permeabilität ein Skalar und der Zusammenhang zwischen dem Geschwindigkeitsvektor $\vec{v}$ und dem Druckgradienten in den drei Koordinatenrichtungen kann wie folgt dargestellt werden:

$$\nabla p = -\frac{\mu}{K}v \qquad (3.30)$$

Für die mittlere Strömungsgeschwindigkeit $v = (v_1, v_2, v_3)$ in einer Porosität (Darcy-Geschwindigkeit [28]) gilt:

$$v = \Phi \cdot V \quad \text{mit} \quad \left\{ \begin{array}{ll} \Phi & \text{Porosität} \\ V & \text{Geschwindigkeit im Fluidvol.} \end{array} \right\} \qquad (3.31)$$

Die Darcy-Gleichung 3.30 wurde anhand einer Vielzahl von Experimenten verifiziert, wobei an dieser Stelle erwähnt werden soll, dass die temperaturabhängige Viskosität gemäß den Originaluntersuchungen von Darcy einen Einfluß auf die erzielten Ergebnisse gezeigt hatte [28]. Auf den Einfluß der Temperatur auf die Stoffdaten und damit auf den Druckverlust und den Wärmeübergang werden wir im Zusammenhang mit der Ergebnisauswertung in Kapitel 5 näher eingehen.

Darcy's Korrelation berücksichtigt lediglich den viskosen Term und weist für kleine Geschwindigkeiten gemäß [28] eine recht gute Übereinstimmung mit Experimenten aus der Praxis auf. Allerdings ist bei höheren Strömungsgeschwindigkeiten ein nicht-linearer Term (Trägheitsterm) zu berücksichtigen. Diese Erweiterung mit dem quadratischen Term geht auf Forchheimer zurück. Gleichung 3.32 zeigt die erweiterte Korrelation.

$$\nabla p = -\frac{\mu}{K}v - \frac{c_f \cdot \varrho_f}{\sqrt{K}}|v|v \quad \text{mit} \quad \{\ c_f = \ \text{Trägheitskoeffizient} \ \} \quad (3.32)$$

Die Modifikation der Darcy-Gleichung wurde von Dupuit (1863) und Forchheimer (1901) vorgenommen, wobei c_f von der Art der Porosität abhängt und einen Trägheitskoeffizient darstellt. Der Übergang von einer Darcy-Strömung [75] zu einer Darcy-Forchheimer-Strömung findet laut [28] bei $Re_K \sim 10^2$ statt. Dies wird mit dem Entstehen erster Eddies erklärt. Weitere Literaturquellen [2, 35, 11] erklären diese Änderung anhand eines laminar-turbulenten Umschlags der Strömung in der Porosität, der bei einer universellen lokalen Reynolds-Zahl von $Re \sim 10^2$ stattfindet.

Ein anderer Ansatz zur Erweiterung der Darcy-Gleichung ist unter dem Namen der Brinkmann-Gleichung bekannt. Die Brinkmann-Gleichung (siehe Gl. 3.33) verwendet anstatt des Trägheitsterms einen dem Laplace-Term der Navier-Stokes-Gleichungen analogen, viskosen Term [77, 73, 56, 88]. Die Anwendung der Brinkmann-Gleichung wird allerdings nur für Porositätswerte von $\Phi > 0.6$ empfohlen [28].

$$\nabla p = -\frac{\mu}{K}v + \tilde{\mu}\nabla^2 v \quad \text{mit} \quad \{\ \tilde{\mu} = \ \frac{\mu}{\Phi} \ \} \quad (3.33)$$

Im Zusammenhang mit den Navier-Stokes-Gleichungen wird in Standard CFD-Codes in der Regel der Darcy-Forchheimer Ansatz verwendet. Weitere Details für eine Erweiterung der Forchheimer-Gleichung (Forchheimer-Brinkmann Korrelation) sind in [53, 87] ausführlich dargestellt. Im nächsten Abschnitt wird auf die Erweiterung der Navier-Stokes-Gleichungen für poröse Medien näher eingegangen.

3.3.3. Erweiterte Navier-Stokes-Gleichungen für poröse Medien

Die Herleitung der Navier-Stokes-Gleichungen ist in [38, 49, 82] ausführlich dargestellt. Gleichung 3.34 zeigt unter Verwendung der symbolischen Schreibweise die Navier-Stokes-Gleichungen für beliebige Koordinatensysteme für inkompressible Strömungen.

$$\varrho \left(\frac{\partial V}{\partial t} + (V \cdot \nabla)V \right) = -\nabla p + \mu \nabla^2 V \tag{3.34}$$

Unter Berücksichtigung des Darcy-Forchheimer Ansatzes [87, 28] und der Verwendung der Darcy-Geschwindigkeit $v = \Phi \cdot V$ lassen sich die Navier-Stokes-Gleichungen für stationäre und inkompressible Strömungen wie folgt modifizieren:

$$\frac{\varrho}{\Phi^2}(v \cdot \nabla)v = -\nabla p + \frac{\mu}{\Phi}\nabla^2 v - \frac{\mu}{K}v - \frac{\varrho c_f}{\sqrt{K}}(|v| \cdot v) \tag{3.35}$$

Diese von Qu [87] dargelegte Erweiterung der Navier-Stokes-Gleichungen weist zwei Zusatzterme und einen modifizierten Term auf der rechten Seite gegenüber den klassischen Navier-Stokes-Gleichungen auf. Der erste Term auf der rechten Seite beschreibt den Druckgradienten über die Porosität, der zweite Term stellt den viskosen Term gemäß der Brinkmann-Erweiterung dar (siehe Gl. 3.33). Der dritte Term auf der rechten Seite beschreibt den bereits in Gleichung 3.30 eingeführten Darcy-Term (Scherspannungsterm) und der vierte Term drückt die Erweiterung nach Forchheimer (Trägheitsterm) aus. In gängigen CFD-Codes wie z.B. StarCCM+ [24] wird in der Regel nur die Darcy-Forchheimer-Erweiterung verwendet. Da bei relativ großen Widerständen über die Porosität große Druckgradienten entstehen, wodurch in der Regel die konvektiven, viskosen und zeitlichen Terme der Impulsgleichung vernachlässigbar sind, reduziert sich die Impulsgleichung auf Gl. 3.36. Dieser Ansatz stellt eine Kombination eines linearen Terms, ähnlich wie bei der Druckverlustformel für laminare Rohrströmungen (siehe Gl. 3.27), und einem nicht-linearen Term ähnlich der Druckverlustformel für turbulente Rohrströmungen (siehe Gl. 3.28) dar.

$$\nabla p = -a_k \cdot v - b_k \cdot |v|v \tag{3.36}$$

Der Faktor b_k stellt dabei eine empirische Konstante für das poröse Medium dar und hat die Einheit $\frac{kg}{m^4}$. Der Faktor $a_k = \frac{\mu}{K}$ ist der Darcy-Faktor, wobei dieser die Einheit $\frac{kg}{m^3 s}$ hat. Als Entscheidungskriterium für die Anwendung der Darcy- oder der Forchheimergleichung kann die Permeabilitäts-Reynoldszahl Re_K herangezogen werden. Ab einem Wert von $Re_K > 100$ überwiegt der quadratische Term der Forchheimergleichung. Die Permeabilität K muß in der Regel vorab experimentell oder numerisch bestimmt werden. Im Rahmen dieser Arbeit erfolgt die Bestimmung der Koeffizienten a_k und b_k und somit ebenso die Bestimmung der Permeabilität K und des Trägheitskoeffizienten c_f aus den CFD-Berechnungen, die anhand von Mikrostrukturmodellen durchgeführt wurden. Die verwendeten Mikrostrukturmodelle werden in Kapitel 4.2 vorgestellt. Die modifizierten Erhaltungsgleichungen, wie sie für die Makroporositätsberechnungen in StarCCM+ verwendet werden, sind in Kapitel 6 ausführlich dargestellt und werden daher an dieser Stelle nicht weiter ausgeführt.

3.4. Wärmeleitung

3.4.1. Grundlagen Wärmeleitung

Wärmeübertragung ist der Energietransport zwischen Festkörpern, Flüssigkeiten und Gasen unterschiedlicher Temperatur. Dieser Energietransport findet immer vom Körper oder Medium der höheren Temperatur zu dem der niedrigeren Temperatur statt und ist somit auf einen Ausgleich des

Temperaturgefälles gerichtet. Während dieses Ausgleichs bildet sich ein instationäres (d.h. zeitlich veränderliches) Temperaturfeld aus. Hat sich ein Temperaturgleichgewicht eingestellt, so wird keine Wärme mehr übertragen. Wird hingegen die Temperaturdifferenz von aussen durch Zufuhr von Wärme aufrechterhalten, so fliesst ständig Wärme und es entsteht ein stationäres oder instationäres Temperaturfeld [85, 40].

Um einen Körper um die Temperaturdifferenz $T_1 - T_2 = \Delta T$ zu erwärmen, wird die Wärmemenge (Energie in Joule)

$$Q = m\, c_p\, \Delta T \quad [J] \quad \text{mit} \quad \left\{ \begin{array}{ll} m & \text{Masse des Körpers} \\ c_p & \text{spezifische Wärmekapazität} \\ \Delta T & \text{Temperaturdifferenz} \end{array} \right\} \tag{3.37}$$

benötigt. Geschieht dies in der Zeit t, so fliesst dabei ein Wärmestrom (in Watt) von

$$\dot{Q} = \frac{Q}{t} \quad [W] \tag{3.38}$$

Fliesst dieser Wärmestrom über eine Fläche A, so beträgt die Wärmestromdichte (in Watt pro Quadratmeter)

$$\dot{q} = \frac{\dot{Q}}{A} \quad \left[\frac{W}{m^2} \right] \tag{3.39}$$

Als einfachster Fall der stationären Wärmeleitung in einem festen Körper soll die ebene Platte betrachtet werden. Bei einer ebenen Platte der Dicke s gilt nach dem Fourier'schen Gesetz der Wärmeleitung

$$\dot{q} = -\lambda\, \frac{dT}{dx} \tag{3.40}$$

wobei λ die Wärmeleitfähigkeit (als konstant angenommen) und $\frac{dT}{dx}$ der Gradient der Temperatur in Wärmestromrichtung (durch die Platte) ist. Somit wird

$$\dot{q} = \frac{\lambda}{s} \, (T_1 - T_2) \tag{3.41}$$

$$\dot{Q} = \frac{\lambda}{s} \, A \, (T_1 - T_2) \tag{3.42}$$

wobei T_1 und T_2 die Temperaturen und A die Fläche der beiden Plattenseiten sind.

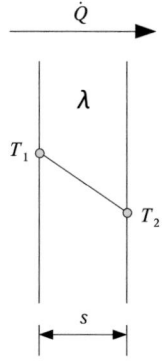

Abb. 3.5.: Stationäre Wärmeleitung in einer ebenen Platte der Dicke s

Ist die Wand aus mehreren Schichten unterschiedlicher Dicke s_i und Wärmeleitfähigkeit λ_i aufgebaut, so addieren sich die "Wärmeleitwiderstände" $\frac{s_i}{\lambda_i}$:

$$\dot{q} = k \, (T_1 - T_2) \quad \text{mit} \quad k = \frac{1}{\sum \frac{s_i}{\lambda_i}} \tag{3.43}$$

3.4.2. Analytische und empirische Ansätze für Porositäten

Bei konduktiven Wärmetransportvorgängen in porösen Medien werden
verschiedene Ansätze in der Literatur aufgezeigt. In der Arbeit von Bhattacharya und Calmidi [84] wird näher auf den Einfluß der Verbindungsknoten zwischen Stegen bei hoch porösen Metallschäumen eingegangen. Dabei
wird der von Calmidi entwickelte analytische Ansatz dadurch ergänzt, dass
der Verbindungsknoten der Stege als Kreis abgebildet wird und somit der
Wärmetransport je nach Winkel des abgehenden Stegs berücksichtigt wird.
Weiterhin wird der Verbindungskreis mit einem Steg in fünf Layer unterteilt,
für die jeweils die effektive Wärmeleitfähigkeit abgeleitet wird. Interessanterweise kann mit dieser Methode eine effektive Wärmeleitfähigkeit nur
als Funktion der Porosität Φ und $\frac{t}{L}$ mit t als halbe Stegbreite und L als
halbe Steglänge abgeleitet werden.

$$\lambda_e = \left(\left(\frac{2}{\sqrt{3}} \right) \left(\frac{t/L}{\lambda_f + \frac{(\lambda_s - \lambda_f)}{3}} + \frac{\frac{\sqrt{3}}{2} - (\frac{t}{L})}{\lambda_f} \right) \right)^{-1} \tag{3.44}$$

mit

$$\frac{t}{L} = \frac{-\sqrt{3} - \sqrt{3 + (1 - \Phi)(\sqrt{3} - 5)}}{1 + \frac{1}{\sqrt{3}} - \frac{8}{3}} \tag{3.45}$$

Bhattacharya [84] gibt neben der analytischen Lösung (siehe Gl. 3.44) ebenfalls eine empirische Korrelation zur Bestimmung der effektiven Wärmeleitfähigkeit an. Diese findet sich in vereinfachter Form (ohne den zweiten
rechten Term von Gl. 3.46 sowie mit $f_A = 1$) in CFD-Lösern wieder.
Details zu dem in StarCCM+ implementierten Berechnungsmodell zur
Bestimmung der effektiven Wärmeleitfähigkeit für eine poröse Region ist
in dem Kapitel 5 weiter ausgeführt. Die von Bhattacharya angegebenen
empirische Korrelation lautet:

$$\lambda_e = f_A \cdot (\Phi \cdot \lambda_f + (1 - \Phi)\lambda_s) + \frac{1 - f_A}{\frac{\Phi}{\lambda_f} + \frac{1 - \Phi}{\lambda_s}} \tag{3.46}$$

Der Geometriekorrekturfaktor f_A ist hierbei an die jeweilige Porosität anzupassen. Inwieweit Gl. 3.46 auf andere Porositäten als offenporige Schäume anwendbar ist, wird in Kapitel 5.1 vorgestellt. Eine weiterer ähnlicher analytischer Ansatz zur Bestimmung der effektiven Wärmeleitfähigkeit von Porositäten ist in [68] dargelegt. Gong et. al. stellt in seiner Arbeit fünf verschiedene Methoden der Verschaltung von thermischen Einzelwiderständen vor und validiert seine Methodik mit entsprechenden Experimenten.

Im nächsten Abschnitt wird eine weitere Methode dargelegt, wie von beliebigen Porositäten anhand einer Reihenschaltung und entsprechenden Mikrostrukturanalysen die effektive Wärmeleitfähigkeit abgeleitet werden kann.

3.4.3. Ansatz der Reihenschaltung für Porositäten

Betrachten wir nun den Wärmefluß in einer beliebigen offenporigen Porosität bei reiner Wärmeleitung (ohne Konvektion), so findet der Wärmetransport über die Stege und über das in den Poren befindliche Fluid statt. Wird z.B. eine Porosität in n ebene Scheiben (Fluid integriert, siehe auch Abb. 3.6) zerlegt, kann für jede Scheibe j der Wärmestrom wie folgt definiert werden:

$$\dot{q}_j = \frac{\lambda_j}{s_j} \cdot (T_{i+1} - T_i) \qquad (3.47)$$

Wird das poröse System (stehendes Fluid und poröse Struktur) thermisch zwischen T_0 und T_n eingespannt, so stellt sich bei einem thermischen Gleichgewicht ein bestimmter Wärmestrom ein. Wird die Temperatur an den Flächen i zwischen den Scheiben gemittelt, so kann eine effektive Wärmeleitfähigkeit für das Fluid-Struktur-Gemisch durch Umformung der Gleichung 3.47 für jede Scheibe j berechnet werden.

$$\lambda_j = \frac{s_j \cdot \dot{q}_j}{(T_{i+1} - T_i)} \qquad (3.48)$$

Durch die Anwendung der Gleichung 3.43 kann die effektive Wärmleitfähigkeit λ_e somit für die Porosiät (Aufbau aus Schichten unterschiedlicher Wärmeleitfähigkeit) wie folgt bestimmt werden:

$$\frac{\lambda_e}{s_{ges}} = \frac{\lambda_e}{n \cdot s} = \frac{1}{\sum_{j=1}^n \frac{s_j}{\lambda_j}} = \frac{1}{s \cdot \sum_{j=1}^n \frac{1}{\lambda_j}} \qquad (3.49)$$

$$\lambda_e = \frac{n}{\sum_{j=1}^n \frac{1}{\lambda_j}} \quad \text{mit} \quad s_1 = s_2 \ldots = s_n = s, \; s_{ges} = n \cdot s \qquad (3.50)$$

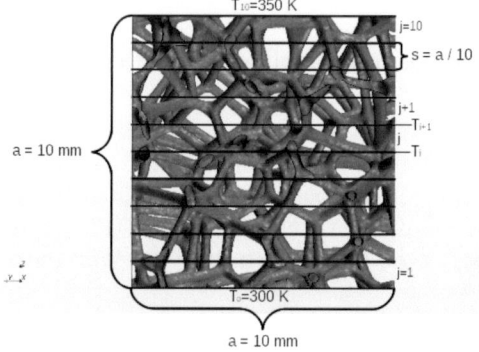

Abb. 3.6.: Definition von Layern zur Ermittlung der effektiven Wärmeleitfähigkeit (am Beispiel Metallschaum)

Unter der Voraussetzung, dass es sich bei der Porosität um ein isotropes Material handelt, ist die ermittelte effektive Wärmeleitfähigkeit für alle Koordinatenrichtungen identisch. Im Falle eines anisotropen porösen Materials muß die Einteilung in Layern und die Ermittlung der effektiven Wärmeleitfähigkeit für alle drei Koordinatenrichtungen durchgeführt werden, wobei die mittlere Temperatur T_i und die Wärmestromdichte $\dot{q}_j$ jeweils aus der numerischen Berechnung extrahiert wird. Die Ergebnisse der anhand dieser Methode erzielten effektiven Wärmeleitfähigkeiten für die verschiedenen untersuchten Porositäten werden in Abschnitt 5.1 erläutert.

3.5. Konvektion

Bei der Konvektion wird innere Energie durch molekulare Bewegung übertragen. Beim Wärmeübergang zwischen Festkörper und bewegtem Fluid spielt folgendes Phänomen eine Rolle: die laminare Strömungsgrenzschicht in der Nähe der Wand mit entsprechend kleinen Geschwindigkeiten verhält sich dabei wie ein Festkörper (sog. thermische Grenzschicht) und leitet die Wärme, so dass sich eine Temperaturdifferenz zwischen der mittleren Fluidtemperatur T_f und der Temperatur T_w der Kontaktfläche ergibt.

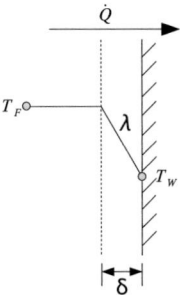

Abb. 3.7.: Wärmeübergang vom Fluid zur Wand

Eine wesentliche Einflussgrösse ist daher die Dicke δ der thermischen Grenzschicht und ihre Wärmeleitfähigkeit. Die Zusammenhänge werden durch den Wärmeübergangskoeffizienten α und die Nusselt-Zahl Nu beschrieben:

$$\dot{q} = \alpha \, (T_f - T_w) \tag{3.51}$$

$$\mathrm{Nu} = \alpha \, \frac{L}{\lambda} \tag{3.52}$$

wobei L die kennzeichnende Abmessung ist (bei der Platte der Dicke s ist $L = s$, beim kreisrunden Rohr mit Innendurchmesser d ist $L = d$). Oft kann α bzw. Nu nur experimentell bestimmt werden. Für die Nusselt-Zahl gibt es aber für verschiedene Geometrien und Strömungsformen eine Vielzahl von Korrelationen, die meist die Reynolds-Zahl Re und Prandtl-Zahl Pr beinhalten [83]. Speziell für den laminaren Fall bei Rechteck-Kanälen muß man jedoch auf weiterführende Literatur zurückgreifen [32, 18].

Sei A der Querschnitt des durchströmten Systems (z.B. ein Kanal) und x eine Position entlang der Längsausdehnung des Kanals, beginnend mit $x = 0$ am Eintritt. Mit der Strömung durch den Kanal bilden sich Geschwindigkeits- und Temperaturprofile über den Querschnitt A aus. Aufgrund der begrenzenden Wände kann sich die Grenzschicht jedoch nicht beliebig ausdehnen. Beide Profile nähern sich jeweils einem asymptotischen Endprofil. Die Strömung wird dann als „hydrodynamisch ausgebildet" bzw. „thermisch ausgebildet" bezeichnet. Die Entfernung der Stelle, ab der das Profil dem Endprofil bis auf eine geringe Abweichung (Definition siehe [32]) entspricht, zum Eintritt wird „hydrodynamische Einlauflänge" L_{hy} bzw. „thermische Einlauflänge" L_{th} genannt.

Wir definieren nun einige mittlere Größen. Sei $c_m = \dot{V}/A$ die volumenstromäquivalente mittlere Geschwindigkeit am Eintritt. Es ist

$$c_m = \frac{1}{A} \int_A c \, dA \qquad (3.53)$$

Sei

$$T_f = \frac{1}{c_m A} \int_A c \, T \, dA \qquad (3.54)$$

die enthalpiestromäquivalente mittlere Fluidtemperatur. $T_f = T_f(x)$ ändert sich mit der Entfernung vom Eintritt.

Sei $\dot{q}(x)$ die lokale Wärmestromdichte und $T_w(x)$ die mittlere Wandtemperatur über den Umfang an der Stelle x. Die lokale Wärmeübergangszahl $\alpha(x)$ ist dann definiert als

$$\alpha(x) = \frac{\dot{q}(x)}{T_w(x) - T_f(x)} \tag{3.55}$$

Als kennzeichnende Abmessung beim Rechteckkanal ist der hydraulische Durchmesser (siehe Abschnitt 3.3.1) zu verwenden. Die lokale Nusselt-Zahl $\mathrm{Nu}(x)$ wird definiert als

$$\mathrm{Nu}(x) = \alpha(x)\,\frac{d_h}{\lambda} \tag{3.56}$$

Sind nun $T_f(x)$, $\dot{q}(x)$ und $\alpha(x)$ bzw. $\mathrm{Nu}(x)$ bekannt, so läßt sich aus Gleichung (3.55) die Wandtemperatur $T_w(x)$ berechnen. Die mittlere Wärmeübergangszahl α und die mittlere Nusselt-Zahl Nu über die Länge l ergeben sich dann durch

$$\alpha = \frac{1}{l}\int_0^l \alpha(x)\,dx \tag{3.57}$$

$$\mathrm{Nu} = \alpha\,\frac{d_h}{\lambda} \tag{3.58}$$

Für $x \to \infty$ gehen bei laminarer Strömung $\mathrm{Nu}(x)$ und damit auch Nu gegen eine Konstante, die von der thermischen Randbedingung und der Geometrie abhängt.

3.5.1. Energiebilanz

Zur Bestimmung von Wärmeübergangsvorgängen bei internen Strömungen soll die Entwicklung der Mischtemperatur im Fluid z.b. bei Wärmezufuhr bekannt sein. Betrachten wir eine einfache Energiebilanz für ein durchströmtes System, so muß die Änderung der inneren Energie gleich der übertragenen Wärme sein (siehe Gl. 3.59).

$$dQ̇ = ṁ \cdot c_p \cdot dT_f = q̇_w \cdot U \cdot dx \quad \text{mit} \quad \left\{ \begin{array}{ll} U & \text{Umfang} \\ ṁ & \text{Massenstrom} \\ c_p & \text{Spez. Wärmekapazität} \end{array} \right\}$$

(3.59)

Die Entwicklung der Mischtemperatur im Fluid hängt dabei von den thermischen Randbedingungen an der Grenzfläche Kanalwand-Fluid ab. Bei einer voll ausgebildeten Strömung, bei der der Wärmeübergangskoeffizient gleich einem mittleren α_m sei, müssen die beiden klassischen Fälle an thermischer Randbedingung unterschieden werden:

- konstante Wärmestromdichte $q̇_w = $ konstant

- konstante Wandtemperatur $T_w = $ konstant

Für den Fall, dass über den Umfang U eine konstante Wärmestromdichte $q̇_w$ anliegt und mit T_e die Eintrittstemperatur des Fluides bei $x = 0$ ist, so kann die Fluidtemperatur $T_f(x)$ mit dem einfachen Ausdruck

$$T_f(x) = T_e + \frac{q̇_w U}{ṁ c_p} \cdot x$$

(3.60)

berechnet werden. An der Rohrwand ergibt sich damit aus Gl. 3.55 für den Wandtemperaturverlauf

$$T_w(x) = \frac{q̇_w}{\alpha_m} + T_f(x) = T_e + \frac{q̇_w}{\alpha_m} + \frac{q̇_w U}{ṁ c_p} \cdot x$$

(3.61)

ebenfalls ein linearer Verlauf.

Für den Fall der konstanten Wandtemperatur erhalten wir aus 3.59 und 3.55

$$\dot{m} \cdot c_p \cdot dT_f = \alpha_m \cdot U \cdot (T_w - T_f(x)) \, dx. \tag{3.62}$$

Durch Trennung der Variablen mit der Randbedingung $T_f(x = 0) = T_e$ kann diese Differentialgleichung gelöst werden. Gegenüber dem Fall eines konstanten Wärmestroms erhalten wir für die Fluidtemperatur einen exponentiellen Verlauf wie folgt:

$$T_f(x) = T_w - (T_w - T_e) \cdot e^{-\frac{\alpha_m U}{\dot{m} c_p} x} \tag{3.63}$$

Während für den Fall der Wärmestromdichte als Randwert an der Wand die sich einstellende Temperaturdifferenz $\Delta T = T_a - T_e$ zwischen der Austritts- und Eintrittstemperatur unmittelbar durch $\Delta T = \frac{\dot{Q}}{\alpha_m \cdot U \cdot L}$ berechnen läßt, bedarf es für den Fall einer konstanten Wandtemperatur die Berechnung der Temperaturdifferenz wie folgt:

$$\Delta T = \frac{(T_w - T_0) - (T_w - T_a)}{ln\left(\frac{T_w - T_0}{T_w - T_a}\right)} \tag{3.64}$$

Für beide Fälle gilt

$$\dot{Q} = \dot{m} \cdot c_p \cdot (T_a - T_e) \tag{3.65}$$

3.5.2. Bestimmung der Wärmeübergangskoeffizienten für durchströmte Rohre

Unter der Annahme einer voll ausgebildeten Strömung nähert sich die Nusselt-Zahl bei laminarer Strömung für $x \to \infty$ einem asymtotischen Wert an:

- $T_w = konst : Nu_m = 3.657$

- $\dot{q}_w = konst : Nu_m = 4.364$

Im Falle der turbulenten Strömung wird nach [83] eine für beide Arten der thermischen Randbedingung gültige Korrelation zur Berechnung der Nusselt-Zahl angegeben. Jedoch muß zwischen laminarer und turbulenter Strömungsform unterschieden werden.

Laminare Strömungsform ($Re \leq 2300$)

Unter der Annahme einer hydrodynamisch ausgebildeten Strömung mit thermischem Anlauf (Nusselt-Graetz-Problem) kann eine mittlere Nusselt-Zahl vom Anfang der Beheizung bzw. der Kühlung berechnet werden, wobei wiederum zwischen einer konstanten Wandtemperatur und der konstanten Wärmestromdichte an der Wand unterschieden werden muß.

Konstante Wandtemperatur ($Index\ T,\ T_w = konst$)

$$Nu_{m,T} = (3.657^3 + 0.7^3 + (N_{m,T,2} - 0.7)^3)^{\frac{1}{3}} \qquad (3.66)$$

mit

$$N_{m,T,2} = 1.615 \cdot (Re \cdot Pr \cdot \frac{d}{l})^{\frac{1}{3}} \qquad (3.67)$$

Konstante Wärmestromdichte ($Index\ q,\ \dot{q} = konst$)

$$Nu_{m,q} = (4.364^3 + 0.6^3 + (N_{m,q,2} - 0.6)^3)^{\frac{1}{3}} \qquad (3.68)$$

mit

$$N_{m,q,2} = 1.953 \cdot (Re \cdot Pr \cdot \frac{d}{l})^{\frac{1}{3}} \qquad (3.69)$$

An dieser Stelle sei darauf hingewiesen, dass für nicht kreisförmige Querschnitte von London [18] für laminare Strömungsvorgänge modifizierte

Nusselt-Korrelationen zur Bestimmung des Wärmeübergangs für verschiedene Verhältnisse von Kanalbreite zu Kanalhöhe angegeben aber hier nicht weiter vertieft werden.

Turbulente Strömungsform ($Re \geq 2300$)

Bei turbulenten Strömungsverhältnissen kann die Nusselt-Zahl nach Gnielinski [83] (Siehe Gl. 3.70) berechnet werden. Bei voll ausgebildeter turbulenter Strömung ($Re \geq 10^4$) ergeben sich für die beiden Randbedingungen "konstante Wandtemperatur" und "konstante Wärmestromdichte" praktisch die gleichen mittleren Nusselt-Zahlen.

$$Nu_m = \frac{(\zeta/8)\ Re\ Pr}{1 + 12.7\ \sqrt{\zeta/8}(Pr^{2/3} - 1)} \left[1 + \left(\frac{d}{L} \right)^{2/3} \right] \qquad (3.70)$$

mit

$$\zeta = (1.8 \cdot log_{10}Re - 1.5)^{-2} \qquad (3.71)$$

Gleichung 3.70 ist unabhängig von der Form des Strömungsquerschnitts, wobei bei rechteckförmigen Querschnitten der hydraulische Durchmesser $d = d_h$ zu verwenden ist. Die Gleichung von Gnielinski stellt eine Erweiterung der aus dem Zusammenhang zwischen dem Wärmeübergang und Strömungswiderstand hergeleiteten Gleichung [83] dar, wobei ζ die Druckverlustziffer für die Rohrreibung ist und die Beziehung nur für Prandtl-Zahlen von $0.1 \leq Pr \leq 1000$ gültig ist. Das Zusammenspiel von Druckverlust und Wärmeübertragung, das insbesondere durch den Temperatureinfluss der Stoffdaten zustande kommt, verdeutlicht, dass diese beiden Phänomene nicht unabhängig voneinander betrachtet werden dürfen.

So wird in [83] der Temperatureinfluß auf die Stoffdaten durch Korrekturfaktoren berücksichtigt. Hierbei wird zwischen Flüssigkeiten und Gasen
unterschieden. Für Flüssigkeiten wird folgende Korrektur für die Nusselt-
Zahl Nu empfohlen:

$$Nu = Nu_m \cdot (\frac{Pr}{Pr_w})^{0.11} \quad \text{mit} \quad \left\{ \begin{array}{ll} Pr & \text{bei } T = T_m \\ Pr & \text{bei } T = T_w \\ T_m = & (T_e + T_a)/2. \end{array} \right\} \quad (3.72)$$

Da die Prandtl-Zahl von Gasen nur wenig von der Temperatur abhängig
ist, wird der Einfluß der Temperaturabhängigkeit der Stoffwerte auf die
Wärmeübertragung durch den Faktor $(T/T_w)^n$ berücksichtigt. Es gilt:

$$Nu = Nu_m \cdot (\frac{T_m}{T_w})^n \quad (3.73)$$

T_m ist die mittlere Kelvintemperatur des Gases, T_w die Kelvintemperatur
der Rohrwand. Der Exponent n ist im Falle des Kühlens des Gases gleich
0. Das Heizen des Gases führt zu Exponenten, die von der Art des Gases
abhängig sind. Gnielinski [83] hat im Bereich von $1 > T/T_w > 0,5$
Meßwerte $n = 0,45$ korreliert. Weitere Exponenten für andere Gase und
Temperaturbereiche sind ebenfalls in [83] angegeben.

3.5.3. Konvektion in porösen Medien

Gegenüber der reinen Rohr- bzw. Kanalströmung mit Wärmeübertragung
wird bei durchströmten porösen Medien die Wärme nicht nur über die
Mantelfläche übertragen, sondern auch über die im Fluidbereich liegenden
Stege. Somit kann insbesondere bei einem hochporösen Medium davon
ausgegangen werden, dass zum Einen durch die vergrößerte wärmeübertragende Fläche mehr Wärme übertragen werden kann, aber gleichzeitig die
lokalen Wärmeübergangskoeffizienten durch die poröse Struktur (Stege,
Knoten) verändert werden. Unterscheiden wir die zwei bereits diskutierten
Modellansätze:

- Im Falle der Auflösung der Porosität anhand eines *Mikrostruktur-modells* (Struktur wird im Detail aufgelöst) werden diese Effekte bei der Lösung der Navier-Stokes-Gleichung mit den gekoppelten Energie- und Turbulenzgleichungen erfasst.

- Im Falle eines *Makroporositätsmodells*, das die Struktur nicht auflöst, bedarf es eines geeigneten Lösungsansatzes, um den konvektiven Wärmeübertrag korrekt zu beschreiben.

Yang [54] stellt in seinem Artikel einen Ansatz zur Lösung des konvektiven Wärmeübertrags anhand eines Zwei-Gleichungs-Modells vor. Dieses Lösungsmodell benützt eine Energieerhaltungsgleichung für die virtuelle, nicht abgebildete Struktur und eine zweite Energieerhaltungsgleichung für das Fluid. Dieser Ansatz erinnert an das Dual-Porosity-Verfahren [69] zur Lösung des Stofftransports durch eine poröse Region.

Durch die Analogie zwischen dem Wärme- und Stofftransport ($\dot{q} = -\lambda \frac{dT}{dx}$ bzw. $\dot{J} = -D \frac{dc}{dx}$) sind die Zwei-Gleichungsansätze miteinander verwandt, wobei die Analogie zwischen der Wärmeleitfähigkeit λ und dem Diffusionskoeffizient D offensichtlich ist. Anstatt des Temperaturgradienten definiert sich der Stofffluß $\dot{J}$ durch den Konzentrationsgradienten $\frac{dc}{dx}$. Whitaker [74] widmet sich bereits seit Jahrzehnten der Beschreibung des Stofftransportes innerhalb homogener und inhomogener poröser Strukturen. Hierzu finden sich eine Vielzahl an Literaturquellen, die für den interessierten Leser hier zitiert seien [76, 75, 61, 63, 62].

Die Interaktion zwischen dem Fluid und der Struktur wird über einen lokalen Wärmeübergangskoeffizienten realisiert, wodurch eine Wärmezufuhr an die mobile Region (Fluid) bzw. an die inmobile Region (Struktur) realisiert wird. Dies erfolgt numerisch anhand von Quellen bzw. Senken in der jeweiligen Erhaltungsgleichung. Ein analoger Ansatz wird von Qu [87] vorgestellt.

Ein erster Ansatz zur Auflösung der Porosität anhand eines Mikrostruktur-modells wird von Kopanidis [31] in Form einer Studie für den konvektiven Wärmetransport in Metallschäumen dargelegt. Zur Validierung werden die erzielten Ergebnisse (effektiver Wärmeübergangskoeffizient) mit Literaturwerten (z.B. [6]) verglichen und es zeigt sich eine recht gute Übereinstimmung, wobei bei gängigen CFD-Codes das Berechnungsgitter insbesondere bei der Simulation der Wärmeübertragung im turbulenten Fall eine entscheidende Rolle spielt. So wird z.b. bei StarCCM+ [24] zur besseren Auflösung des Grenzschichtverhaltens bei turbulenten Strömungsverhältnissen ein Two-Layer-Modell aktiviert, das sich teilweise als kontraproduktiv entpuppt. Der Wärmeübergang und auch der Druckverlust wird hierdurch teilweise überschätzt. Demnach lassen sich die Ergebnisse von Kopanidis [31] nur schwer hinsichtlich der Modellfehler aufgrund der Diskretisierung und des verwendeten Turbulenzmodells einschätzen.

Zwei-Gleichungs-Modell nach Yang [54]

Kommen wir auf den Zwei-Gleichungs-Ansatz zurück. Nield [28] postuliert, dass durch die thermische Fluid-Struktur-Interaktion lokal kein thermisches Gleichgewicht vorliegen kann. Nach [28, 54, 87] läßt sich die Solidphase anhand Gleichung 3.74 berechnen.

$$(1 - \Phi)(\varrho c)_s \frac{\partial T_s}{dt} = (1 - \Phi)\nabla \cdot (\lambda_s \nabla T_s) + (1 - \Phi)q_s''' + h(T_f - T_s) \quad (3.74)$$

Für die Fluidphase gilt:

$$(\Phi)(\varrho c)_f \frac{\partial T_f}{dt} + (\varrho c_p)\vec{v} \cdot \nabla T_f = (\Phi)\nabla \cdot (\lambda_f \nabla T_f) + (\Phi)q_f''' + h(T_s - T_f) \quad (3.75)$$

Der Wärmeübergangskoeffizient h in den o.g. beiden Energieerhaltungsgleichungen ist allerdings unbekannt. Für Reynolds-Zahlen $Re_p > 100$ (basierend auf dem Porendurchmesser d_p) wird eine Nusselt-Korrelation (siehe Gl. 3.76) angegeben [28], die zur Berechnung des Wärmeübergangskoeffizienten herangezogen werden kann. Dies setzt allerdings voraus, dass der Porendurchmesser bekannt ist bzw. dass es sich grundsätzlich um eine "typische" Porosität wie z.B. Metallschaum handelt.

$$Nu_{fs} = (0.255/\Phi)Pr^{\frac{1}{3}}Re_p^{\frac{2}{3}} \quad (3.76)$$

3.5.4. Approximation für den Wärmeübergangskoeffizienten

Bei der konventionellen erzwungenen Konvektion ist die Nusselt-Zahl Nu im allgemeinen eine Funktion der Prandtl-Zahl Pr und der Reynolds-Zahl Re. Nach Dittus-Bölter [85] wird eine Näherungsgleichung für turbulente Rohrströmungen in einer verallgemeinerten Form angewandt.

$$Nu = a \cdot Re^b \cdot Pr^c \tag{3.77}$$

Die Koeffizienten a, b und c sind hierbei empirisch zu ermittelnde Faktoren. Um der Tatsache der Durchströmung eines porösen Mediums Rechenschaft zu tragen, werden hier anstatt der allgemeinen Kennzahlen Re und Pr charakteristische Kennzahlen für das poröse Medium verwandt. Dies sind die Permeabilitäts-Reynolds-Zahl Re_K (siehe Gl. 3.20) und die Prandtl-Zahl Pr_Φ unter Verwendung der Ersatzwärmeleitfähigkeit λ_Φ nach Gl. 3.46 für das poröse Medium. Somit ergibt sich eine Näherungsgleichung für den effektiven Wärmeübergangskoeffizienten α_e, die im Rahmen dieser Ausarbeitung als Approximationsgleichung eingesetzt wird.

$$\alpha_e = \frac{\lambda_\Phi}{d_h} \cdot a \cdot Re_K^b \cdot Pr_\Phi^c \tag{3.78}$$

Gleichung 3.78 ähnelt im Aufbau der von Nield [28] angegebenen Korrelation (siehe Gl. 3.76). Jedoch wird nun anstatt der aus dem Porendurchmesser gebildeten Reynolds-Zahl Re_p die mit der Permeabilität gebildeten Reynolds-Zahl Re_K verwendet. Weiterhin kommt die Prandtl-Zahl Pr_Φ als Prandtl-Zahl für eine poröse Region zum Einsatz.

$$Pr_\Phi = \frac{\nu \cdot \varrho_f \cdot c_f}{\lambda_\Phi} \quad \text{mit} \quad \left\{ \begin{array}{ll} f & \text{Index für das Fluid} \\ \nu & \text{kinematische Zähigkeit} \\ c_f & \text{Wärmekapazität Fluid} \\ \lambda_\Phi & \text{effektive Wärmeleitfähig. Porosität} \\ \varrho_f & \text{Dichte Fluid} \end{array} \right\} \tag{3.79}$$

Im nächsten Abschnitt widmen wir uns den einzelnen Berechnungsmodellen für die verschiedenen untersuchten Porositäten. Während für den offenporigen Metallschaum von vielen Autoren sehr umfangreiche Untersuchungen hinsichtlich Konvektion und Druckverlust durchgeführt wurden [3, 6, 19, 21, 22, 23, 26, 27, 30, 39, 48, 51, 52, 53, 54, 57, 58, 66, 72, 79, 84, 87], finden sich zur Wärmeübertragung von Abstandsgewirken nur eine geringe Anzahl von Arbeiten. Im Falle der medizinischen Filter liegt der Schwerpunkt der bislang durchgeführten Untersuchungen beim Stofftransport und Druckverlust [69, 71, 80]. Die in dieser Arbeit durchgeführten Untersuchungen widmen sich neben den o.g. Porositäten auch der virtuell generierten Porosität des Shifted Grids. Alle in Kapitel 5 und Kapitel 6 vorgestellten Berechnungsergebnisse wurden mit temperaturabhängigen Stoffdaten erzielt. Damit läßt sich der Einfluß auf Wärmeübertragung und Druckverlust quantifizieren.

4. Modellbildung Mikrostrukturansatz

Physikalische Vorgänge in aufgelösten porösen Medien lassen sich heutzutage auf Hochleistungsrechnern oder anderen parallelen Plattformen wie Clustern simulieren [41, 4, 59]. Hierzu wird ein Ausschnitt aus einem porösen Medium im Detail mit den Poren, Stegen und Verbindungsknoten aufgelöst und in ein digitales Modell überführt. Das digitale Modell stellt ein auf einer Oberflächendiskretisierung basierende Beschreibung der Geometrie in Form von Finite Elementen und den dazugehörenden Knoten dar. Eine geeignete Volumenvernetzung vorausgesetzt (Strukturanteil), kann durch Boolsche Operationen der Fluidbereich um die Struktur ebenfalls abgebildet werden. Die Methodik zur Modellbildung ist in [71, 14, 10, 9] näher erläutert.

Unter der Voraussetzung, dass die Struktur- und Fluidanteile als diskretisierte Bereiche zur Verfügung stehen, können diese für ein numerisches Lösungsverfahren verwendet werden. Auf Basis der diskretsisierten (z.B. Finite-Volumen) Bereiche und eines geeigneten numerischen Lösungsverfahrens (z.B. FEM, CFD) können die physikalischen Prozesse wie z.B. der Wärmetransport oder die Strömungsvorgänge simuliert werden. Dies erfolgt durch das meist iterative Lösen von Erhaltungsgleichungen. Das in dieser Arbeit eingesetzte Berechnungsverfahren basiert auf der Lösung der Navier-Stokes-Gleichungen. Das Lösungsverfahren ist in [49] ausführlich dargelegt.

Durch die systematische Durchführung von Berechnungen zur Ermittlung von Kennlinien auf Basis des für die jeweilige Porosität erstellten Berechnungsmodells können die Simulationsstudien als numerisches Experiment aufgefasst werden. Das numerische Experiment hat gegenüber einem experimentellen Versuchsstand den entscheidenden Vorteil, dass beliebige

Anfangs- und Randbedingungen und beliebige Materialkompositionen
simuliert werden können. Dies ist bei einem "realen" Versuchsstand nur
mit einem enormen Aufwand möglich. Gleichzeitig muss an dieser Stelle
darauf hingewiesen werden, dass bei den numerischen Verfahren Modell-
annahmen getroffen werden (wie z.b. das Turbulenzmodell), die eine
Annäherung an die realen Verhältnisse ermöglichen, aber nicht einem
exakten Abbild der Realität entsprechen. Kurzum jedes Rechenverfahren
weist folgende Fehler auf:

- Modellfehler

- Numerische Fehler

- Fehler bei der Parallelverarbeitung [5, 60]

Diese Fehler allerdings sind vergleichbar mit Meßfehlern und müssen wie
bei der Interpretation von experimentellen Ergebnissen berücksichtigt
werden. In dem Abschnitt 4.3.6 wird die Versuchsmatrix für das numerische Experiment dargelegt. Grundsätzlich wird zwischen stationären
und instationären Experimenten unterschieden und auch zwischen den
zu simulierenden trennbaren physikalischen Vorgängen. Um eine Sepa-
ration bestimmter physikalischer Vorgänge wie z.B. Wärmeleitung und
Wärmeübertrag durch Konvektion zu ermöglichen, werden die numerischen
Experimente systematisch an Komplexität zunehmen. Folgende grobe Einteilung der Simulationen kann definiert werden:

- Konduktion Fluid und Struktur

- Konvektion zur Bestimmung des Druckverlustes

- Konvektion und Konduktion überlagert zur Bestimmung der effektiven Wärmeübertragung

4.1. Untersuchungsziele

Da hochauflösende Detailmodelle eine extrem aufwendige Diskretisierung
nach sich ziehen, können reale Applikationen, die oftmals Dimensionen von mehreren Quadratmetern (z.B. bei textilen Abstandsgeweben)
aufweisen, nicht vollständig durch ein Mikrostrukturmodell abgebildet

werden. Ein essentielles Ziel der Siumulationsstudien ist daher Kennlinien für Druckverlust und Wärmeübergang mittels Mikrostrukturberechnungen an Modellausschnitten abzuleiten und durch geeignete empirische Ansätze Ersatzwerte für die effektive Wärmeleitfähigkeit, Druckverlust und den Wärmeübergangskoeffizient zu bestimmen. Diese Ersatzwerte können dann in Funktionen integriert und dem Ingenieur bei der Auslegung von real dimensionierten Anwendungen mit inkludierten porösen Stoffen verwendet werden.

Es wird angenommen, dass eine poröse Struktur von einem Fluid umgeben ist bzw. durch ein Fluid gefüllt ist. Um den konduktiven und den konvektiven Wärmetransport in einer Porosität untersuchen zu können, werden zwei Szenarien für die vorgestellten porösen Strukturen untersucht. Diese sind:

- Die poröse Struktur wird durch einen aufgeprägten Temperaturgradienten beaufschlagt, ohne durchströmt zu werden (stationär, reine Wärmeleitung).

- Die poröse Struktur wird um einen Strömungsvor- und nachlauf erweitert und durchströmt, wobei die poröse Zone wiederum durch einen Temperaturgradienten beaufschlagt wird (stationäre Wärmeleitung, überlagert durch Konvektion).

Im Falle der stationären Wärmeleitungsberechnungen ist das Ziel der Untersuchung eine effektive Wärmeleitfähigkeit des Fluid-Struktur-Komposits in Abhängigkeit der Materialeigenschaften des Fluids und der Struktur zu ermitteln. Bei der stationären Durchströmung der Porosität liegt das Augenmerk auf der konvektiven Wärmeübertragung und dem Druckverlust für verschiedene Fluide, aber bei gleichbleibenden Struktureigenschaften für die jeweilige Porosität. Als Fluide für die konvektiven Untersuchungen wurden zwei Stellvertreter aus dem Bereich der Flüssigkeiten und ebenfalls zwei Stellvertreter aus dem Bereich der Gase gewählt. Diese sind:

- Wasser (flüssig)

- Ethanol (flüssig)

- Luft (gasförmig)

- Methan (gasförmig)

Die o.g. Fluide sind typische Repräsentanten, die in der industriellen und wissenschaftlichen Praxis eine wichtige Rolle spielen. Die Stoffeigenschaften der ausgewählten Fluide sind, wie in Abschnitt 4.3.4 nachzulesen ist, grundsätzlich temperaturabhängig. Ein weiteres Ziel der Untersuchungen ist diese Temperaturabhängigkeit zu berücksichtigen und deren Einfluß auf Druckverlust und Wärmeübergang zu quantifizieren.

4.2. Virtuelle Modelle

Auf Basis der Untersuchungen von [19] wurden vom Karlsruher Institut of Technologies (KIT) Algorithmen (Softwarepaket PACE3D) zur Erzeugung synthetischer poröser Strukturen entwickelt. Das Verfahren ist in [64] ausgiebig beschrieben und soll an dieser Stelle nicht weiter verfolgt werden. Zur Generierung poröser Strukturen ist in der Regel eine Beschreibung der geometrischen Verhältnisse in Form von Schnittaufnahmen, mikroskopischen Aufnahmen oder computer-tomographischen Aufnahmen notwendig. Auf Basis dieser Informationen wird ein Füllalgorithmus konfiguriert, der ein bestimmtes Volumen mit Phasen füllt. Diese Phasen können fest, flüssig oder gasförmig sein. Somit entsteht im Falle der Phasenkombinationen z.B. von fest und gasförmig eine synthetische poröse Struktur, die je nachdem welche geometrischen Informationen bekannt und somit verarbeitet wurden, der realen Porosität sehr nahe kommen kann. Der Preprozessor des Simulationspakets PACE3D (Phasenfeldmethode [42, 20]) des KIT Karlsruhe erlaubt die Generierung beliebiger synthetischer Strukturen. Im folgenden Abschnitt werden generierte poröse Strukturen, die für die weitere Untersuchung verwendet wurden, näher beschrieben.

4.2.1. Metallische Schaumstrukturen

In den Abbildungen 4.1 und 4.2 sind generierte synthetische Modelle für einen 20 ppi Metallschaum als Würfel bzw. Zylinder dargestellt. Bei einer genaueren Betrachtung anhand eines Ausschnittes kann festgestellt werden, dass die Stege keine konstanten Durchmesser aufweisen, sondern in Richtung der Knotenpunkte, an denen die Stege zusammenlaufen, eine Durchmesserzunahme zu verzeichnen ist (siehe Abbildung

4.3). Im Vergleich zu einer Detailaufnahme eines 20 ppi Al-Schaumes (siehe Abbildung 4.4) wird deutlich, dass die Stegform im synthetischen Modell etwas zu "glatt" ausfällt. Bei der Herstellung von auf Metall basierenden Schaumstrukturen sind scharfkantige Stegstrukturen und rauhe Oberflächen auffallend und durchaus von großer Bedeutung in Hinblick auf die Strömungsablösung und damit auf den Wärmeübergang. Die Porenform und der Durchmesserverlauf allerdings ist in dem synthetischen Modell recht gut wiedergegeben.

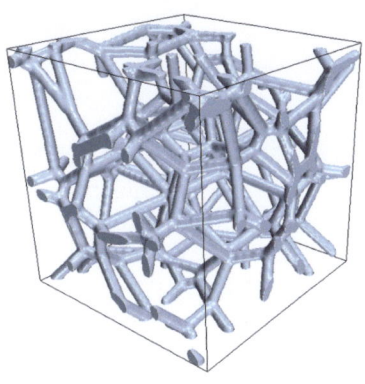

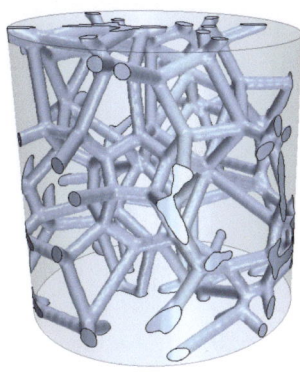

Abb. 4.1.: Würfel aus Metall-schaum

Abb. 4.2.: Zylinder aus Metall-schaum

Abb. 4.3.: Modellierte Stegstruktur (20 ppi)

Abb. 4.4.: Reale Stegstruktur (20 ppi)

In Kapitel 2 wurden Eigenschaften von realen Metallschaumstrukturen aus Aluminium vorgestellt. Aus Vergleichszwecken soll an dieser Stelle eine analoge Untersuchung der synthetisch generierten Schäume vorgestellt werden. Nach der Modellerstellung wurden drei verschiedene Schäume geometrisch näher untersucht. Hierzu wurde das Strukturvolumen, das Gesamtvolumen und die Gesamtoberfläche der Struktur numerisch ermittelt. Dadurch, dass die Schaumstruktur als diskretisierte Fläche zur Verfügung steht, können diese Flächen aufintegriert und somit die Gesamtfläche ermittelt werden. Dies gilt ebenso für das Volumen. In Tabelle 4.1 sind die ermittelten geometrischen Größen für das in Abbildung 4.2 dargestellte zylindrische synthetische Modell dargestellt.

Tab. 4.1.: Geometrische Daten für verschiedene zylindrische Metallschäume (d=1 cm, h=1cm)

PD	V_s	A_w	Φ	ϱ_{rel}	ϱ_e
$[ppi]$	$[10^{-8} \cdot m^3]$	$[10^{-4} \cdot m^2]$	$[\%]$	$[\frac{kg}{m^3}]$	$[\frac{kg}{m^3}]$
10	6.084	3.2377	92.25	7,75	229.49
20	5.190	4.0599	93.38	6,61	195.76
30	5.389	5.0879	93.13	6.87	203.27

Im Vergleich zu den bisher diskutierten "realen" Metallschäumen (siehe Tabelle 2.2) ist die in Tabelle 4.1 ermittelte relative Dichte im Vergleich zu den Messwerten um ca. 0.5 % geringer (siehe [19]). Unter der Annahme einer Dichte für die Aluminiumlegierung von $\varrho_{Al} = 2674 \frac{kg}{m^3}$ ergibt sich eine effektive Dichte in ähnlicher Gößenordnung wie in Tabelle 2.2 angegeben. Grundsätzlich weisen die synthetischen Modelle einen geringeren Strukturanteil auf, wodurch eine höhere Porosität resultiert, als z.B. in [19] angegeben. Dies hat einen Einfluß auf den Druckverlust, da der Strömungswiderstand insgesamt geringer ausfallen wird. Die synthetischen Modelle erlauben die Berechnung der Strukturoberfläche, die in Kontakt mit dem Fluid steht. In Tabelle 4.1 ist diese für unterschiedliche Porendichten angegeben. Wie zu erwarten ist, nimmt die Strukturoberfläche mit zunehmender Porendichte zu, wobei die Zunahme der Oberfläche nahezu linear erfolgt. Das Strukturvolumen dahingegen nimmt mit zunehmender Porendichte ab.

In [72] sind einige Korrelationen zur Abschätzung der Porengröße ange-
geben. Diese sind als Funktion der Verwindung κ der Porosität Φ des
Gesamtvolumens V_g und der Kontaktfläche A_{fs} zwische Fluid und der
Struktur definiert, werden an dieser Stelle aber nicht weiter ausgewertet.

4.2.2. Textile Abstandsgewirke

Das Eisbärfell mit seinen drei Layern besteht aus drei verschiedenen Abstandsgewirken. Anhand des ersten Layers (siehe Abb. 2.12) soll exemplarisch die Modellierungsmethodik erläutert werden. Da ein Abstandsgewirke
eine komplizierte Webstruktur darstellt, die aus einer Tragstruktur und
Abstandsfilamenten besteht, wurde das Modell analog hierzu komponenten-
weise erzeugt. Die Tragstruktur wurde gegenüber der Realität hinsichtlich
der Oberfläche vereinfacht. Das Textil, wie in Abb. 3.2 dargestellt, zeigt
die Tragstruktur mit den Verbindungsfilamenten, wobei die Tragstruktur
selbst geflochten ist. Dies wurde im virtuellen Modell als zylindrische
Struktur abgebildet. In der Abb. 4.5 ist die Aufbaustruktur des virtuellen
Textils aufgezeigt. Die Tragstruktur oben und unten wird mit einfachen Filamenten und gepaarten Filamenten miteinander verwoben. Diese Technik
erhöht die Festigkeit des Abstandstextils. Das Ergebnis der Modellbildung
ist in Abb. 4.6 dargelegt. Die Einzelzelle der Länge von $L_z = 15\ mm$ ist
dabei deutlich zu erkennen. Die Tragstruktur als zylindrische "Fäden" ist
allerdings etwas zu dünn ausgeführt. Die geometrische Ähnlichkeit aber ist
offensichtlich. Analog zur Modellgenerierung für das o.b. Textil wurden
die anderen beiden Layer des Eisbärfells ebenfalls abgebildet, bleiben allerdings für die nachfolgenden Untersuchungen unberücksichtigt, da diese bei
der technischen Umsetzung hauptsächlich als Isolationsmaterial verwendet
und nicht durchströmt werden.

4.2.3. Sartobind Membrane

Die Erzeugung des virtuellen Modells einer Sartobind Membrane ist
ausführlich in [71] erläutert. Abb. 4.7 zeigt den modellierten Ausschnitt
aus einer Membranprobe. Die Membrane selbst ist durch zwei Porositäten
überlagert. Die "primary porosity" stellt den grobporigen Anteil der Membrane mit erheblich dickeren Stegen dar. Dic "secondary porosity" sind die

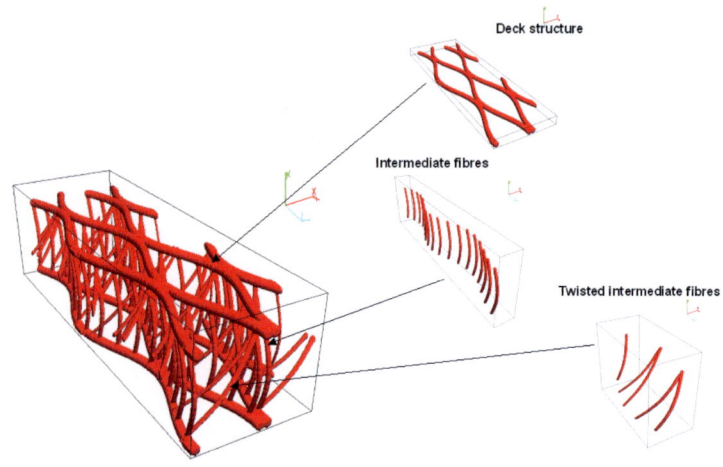

Abb. 4.5.: Teilkomponenten des virtuellen Modells (Textil)

in der primary porosity eingelagerten feineren Strukturen mit der Bildung von Subporen. Die Dicke einer Membran ist in der Regel zwischen 1 und 2 mm. Für das virtuelle Modell wurde ein Ausschnitt aus einer Membran als Würfel mit einer Kantenlänge von $a = 150\ \mu m$ extrahiert. Abb. 4.8 zeigt das virtuelle Modell mit der primary and secondary porosity. Gemäß des Herstellers Sartorius AG weist die Membrane eine Porosität von ca. 80 % auf. Zu Vergleichszwecken wurde das generierte Ausschnittsmodell (siehe Abb. 4.8) hinsichtlich der Porosität vermessen. Die Porosität für die modellierte Membrane beträgt ca. 87 % und ist somit um rund 7 % größer als vom Hersteller angegeben. Dieser Unterschied lässt sich damit erklären, dass die Modellbildung stets auf Schnittbilder in verschiedenen Ebenen und Koordinatenrichtungen angewiesen ist, um möglichst ein realitätsgetreues Abbild schaffen zu können. Diese konnten vom Hersteller nicht in dem Maße zur Verfügung gestellt werden, so dass bei der Modellbildung gewisse Abweichungen hinsichtlich des Verlaufs von Stegen und deren Dickenverteilung unvermeidlich waren.

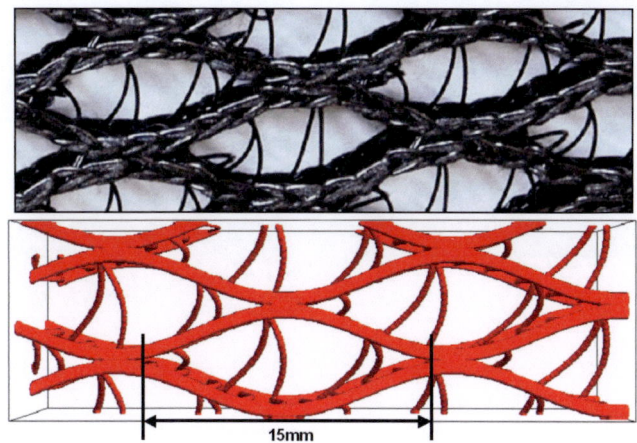

Abb. 4.6.: Vergleich virtuelles mit realem Modell (Textil)

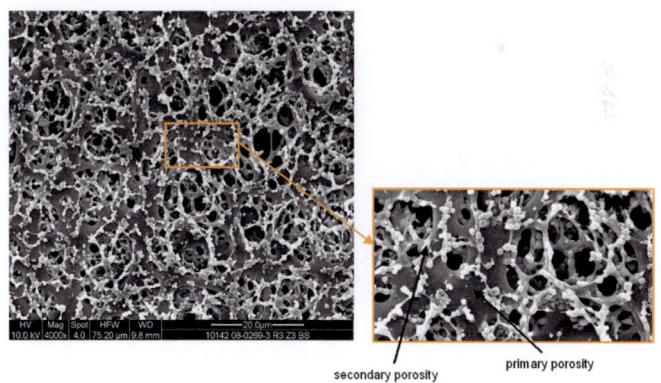

Abb. 4.7.: Sartobind Membran [69, 71]

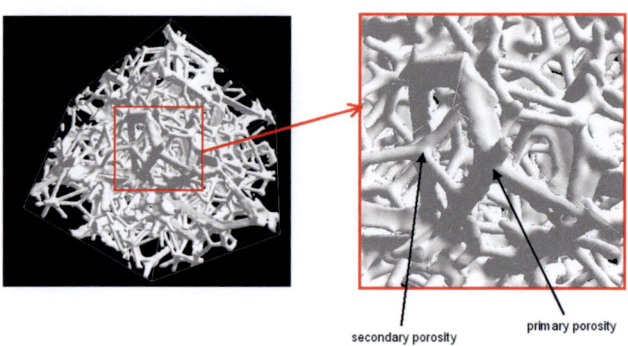

secondary porosity primary porosity

Abb. 4.8.: Generiertes virtuelles Modell für einen Membranauschnitt

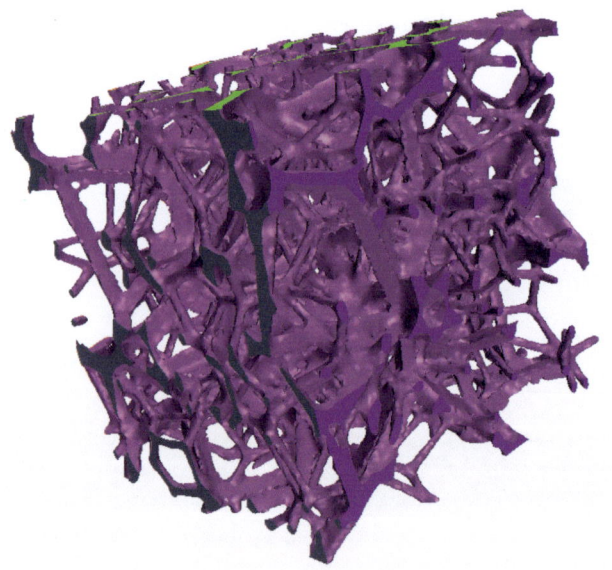

Abb. 4.9.: Modellierte Membranstruktur

4.2.4. Shifted Grid

Wie bereist in Abschnitt 2.4 erläutert, existiert bislang noch kein reales Abbild der synthetisch erzeugten Struktur. Die Herstellbarkeit, ob gießtechnisch oder anderweitig, soll zwar im Laufe der nächsten Monate geklärt werden, die experimentellen Untersuchungen zur Vermessung der Geometrie werden allerdings erst zu einem erheblich späteren Zeitpunkt erwartet. Daher werden in dieser Arbeit die geometrischen Eigenschaften wie die Porosität etc. ausschließlich das virtuelle Modell herangezogen. In Abbildung 4.10 ist das virtuelle Modell des Shifted Grid dargestellt. Die Porosität dieses Modells beträgt $\Phi = 83.71$ % und liegt somit in der Größenordnung der anderen modellierten Porositäten und stellt damit ebenfalls ein hochporöses Material dar.

4.2.5. Geometrische Eckdaten der virtuellen Modelle

Wie in den vorherigen Abschnitten erläutert existieren nunmehr für alle zu untersuchenden Komponenten virtuelle Modelle. Die virtuellen Modelle können für Berechnungsaufgaben herangezogen werden. Zu Vergleichszwecken sind in Tabelle 4.2 die Porositäts- und Geometrieeigenschaften der einzelnen zu untersuchenden Materialien dargestellt, wobei für die Metallschaumprobe ein 10 ppi Metallschaum herangezogen wurde. Für spätere Auswertungen z.B. der Wärmeübertragungseigenschaften ist die Wärme übertragende Fläche (Strukturoberfläche) A_w von besonderer Bedeutung. Für den Druckverlust spielt die Porosität Φ wegen der Reduktion des Strömungsquerschnitts und wegen der mit der vergrößerten Strukturoberfläche einhergehenden Reibungsverlusten eine wichtige Rolle. Auf beide Größen wird im Rahmen der Auswertung der Berechnungsergebnisse in Kapitel 5.3 näher eingegangen. Die in Tabelle 4.2 dargelegten geometrischen Eckdaten beziehen sich ausschließlich auf die poröse Probe der Länge l_p und des Durchmessers d_h. Auf die Dimensionierung des Vor- und Nachlaufes für die Konvektionsversuche wird in Abschnitt 4.3 eingegangen. Wie aus Tabelle 4.2 ersichtlich ist, liegt für alle Proben die Porosität im Bereich zwischen 80 % und 93 % und ist daher vergleichbar, obschon die Grunddimensionen unterschiedlich sind. Dies ist an der Länge der Porosität am Besten ersichtlich.

Eine interessante geometrische Größe ist die Wärme übertragende Fläche A_w. Betrachten wir ein durchströmtes Gebiet mit der Länge l_p. Wird über die Mantelfläche dieses Gebietes Wärme zugeführt, so ist die Mantelfläche A_m die Wärme übertragende Fläche im System. Wird nun das o.g. Strömungsgebiet mit einer Porosität gefüllt, so erhöht sich durch die Strukturanteile (Stege) der Porosität die Wärme übertragende Fläche. Wird nun die Wärme übertragende Fläche mit und ohne Porosität ins Verhältnis gesetzt ($f_w = \frac{A_w}{A_m}$), so kann an diesem Quotienten ein Maß an Flächen Zu- bzw. Abnahme identifiziert werden, wenn eine Porosität eingesetzt wird. Da der Druckverlust und auch der übertragbare Wärmestrom direkt mit der benetzten Fläche korreliert, stellt das in Tabelle 4.2 dargestellte Verhältnis eine interessante erste grobe Größe zur Einschätzung von erzielbarem Wärmestrom bzw. Druckverlust dar. Während bei Metallschaum lediglich ein Faktor von zwei zu vermerken ist, steigt das Flächenverhältnis beim medizinischen Filter immerhin auf über vier. Ohne große Rechenaufwendungen kann aus diesem Faktor bereits tendenziell die Erhöhung des übertragbaren Wärmestroms durch die Porosität abgeschätzt werden, da die Wärme übertragende Fläche linear in die Berechnung des konvektiven Wärmestroms eingeht.

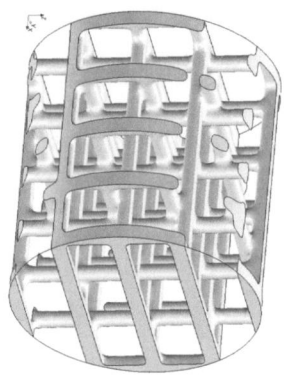

Abb. 4.10.: Generiertes virtuelles Modell für das Shifted Grid

Tab. 4.2.: Geometrische Eckdaten für die generierten virtuellen Probenmodelle

Virt. Modell	L_p [mm]	d_h [mm]	A_m [mm^2]	A_w [mm^2]	f_w -	V_g [mm^3]	V_f [mm^3]	V_s [mm^3]	Φ [%]
Metallschaum	10	10	314.16	630.9	2	784.73	724.386	60.34	92.31
Textil	59.8	18.36	7008.56	18298	2.61	32187	25980	6199.9	80.72
Sartob. Memb.	0.15	0.15	0.09	0.3775	4.19	3.375E-3	2.945E-3	0.430E-3	87.26
Shifted Grid	10	10	314.16	978.55	3.11	784.73	656.93	127.79	83.71

mit

- L_p= Länge der Porosität

- D_h= Hydrodynamischer Durchmesser

- A_m=Mantelfläche

- A_w=Wärme übertragende Fläche

- f_w=Flächenverhältnis A_w/A_m

- V_g=Gesamtvolumen Porosität

- V_s=Volumen Strukturanteil

- V_f=Volumen Fluidanteil

- Φ=Porosität

4.3. Modellannahmen

4.3.1. Geometrische Konfiguration

Im Rahmen dieser Untersuchung werden die geometrischen Abmessungen der verschiedenen Probenkörper als gegeben und somit als fest angenommen. Abbildung 4.11 zeigt zusammenfassend die unterschiedlichen geometrischen Konfigurationen, die für die Berechnungen relevant sind. Im Falle der konduktiven Untersuchungen (siehe Abb. 4.11) wurde grundsätzlich nur die Porosität als Quader abgebildet. Die Abmessungen für den jeweiligen Probenkörper lassen sich aus Tabelle 4.3 entnehmen.

Im Falle der konvektiven Untersuchungen wird zwischen dem Textil- bzw. dem Filtermodell und dem Metallschaummodell bzw. Shifted Grid Modell unterschieden. Für das Filter- bzw. Textilmodell wird die Porosität in einen Rechteck-Kanal eingebettet. Dies ist aus Abbildung 4.11 ersichtlich. Bei den Strömungsberechnungen für den Metallschaum und das Shifted Grid wurde die Porosität in ein kreisrundes Rohr integriert. Für beide durchströmte Systeme (Kanal bzw. Rohr) existieren umfangreiche Untersuchungen (ohne Porosität) und validierte Korrelationen, die bereits in Abschnitt 3.2 dargelegt wurden. Die Frage, die wir untersuchen werden ist, inwieweit durchströmte Systeme mit Porosität sich von durchströmten Systemen ohne Porosität hinsichtlich des Druckverlusts und des Wärmeübergangs unterscheiden.

4.3.2. Vorlauf, Nachlauf

Zur Durchströmung der Porosität bedarf es eines geeigneten Vorlaufs, um ein definiertes Geschwindigkeitsprofil am Eintritt zu erzielen und eines ausreichenden Nachlaufs zur Ausbildung des Geschwindigkeits- und Temperaturprofils nach der Störung durch die Porosität. Abb. 4.11 zeigt die Bezeichnungen für Vor- und Nachlauf und deren geometrische Zuordnung für die gesamte Strömungskonfiguration. In Tabelle 4.3 sind die wesentlichen Eckdaten der gewählten Strömungsvor- bzw. nachläufe dargelegt, die für die jeweilige Strömungskonfiguration verwendet werden. Der Strömungsvorlauf ist bewusst mit $L_v = d_h$ gewählt, damit die Strömung nur ein geringfügiges Geschwindigkeitprofil ausbilden kann. Die

Beströmung der porösen Struktur erfolgt somit über die gesamte Querschnittsfläche mit einer näherungsweise gleich großen Geschwindigkeit. Der Nachlauf ist mit $L_n = 10 \cdot d_h$ relativ groß gewählt, damit die Störungen des Geschwindigkeitsprofils sich möglichst wieder kompensieren können und die an das Fluid übertragene Wärme sich über den gesamten Querschnitt verteilen kann. Im Falle der Durchströmung eines Rechteckquerschnittes berechnet sich der hydraulische Durchmesser D_h wie folgt:

$$D_h = \frac{4 \cdot A}{U} = \frac{2 \cdot B \cdot H}{B + H} \qquad (4.1)$$

Dimension	Metallschaum $[mm]$	Abstandsgewirke $[mm]$	Filter $[\mu m]$	Shifted Grid $[mm]$
d_h	10	18.4	150	10
L_v	10	18.4	150	10
L_n	100	184	1500	100
L_p	10	59.8	150	10
B	-	47.2	150	-
H	-	11.4	150	-

Tab. 4.3.: Geometrische Dimensionen für den Vor-, Nachlauf und der Porosität der jeweiligen Strömungskonfiguration

4.3.3. Diskretisierung des Rechengebietes

Zur Lösung der gekoppelten nichtlinearen partiellen Differentialgleichungen 2. Ordnung wird die Methode der numerischen Strömungsmechanik (CFD: Computational Fluid Dynamics) eingesetzt [49]. Strömungsmechanische Probleme werden damit approximativ mit numerischen Methoden gelöst, wobei die benutzen Modellgleichungen hier die Navier-Stokes-Gleichungen sind. Diese berücksichtigen die Wandreibung (hydrodynamische Grenzschicht, siehe auch [85, 38]) und durch eine geeignete Lösung zusätzlicher Erhaltungsgleichungen die Turbulenz. Die übliche Lösungsmethode der numerischen Strömungsmechanik ist neben anderen die Finite-Volumen-Methode. Hierzu bedarf es der Diskretisierung des Rechengebietes in

Finite Volumen. Im Falle der Durchströmung einer Porosität und der Modellierung der thermischen Interaktion zwischen der porösen Struktur und des stehenden bzw. strömenden Fluides muß die Diskretisierung des Rechengebietes für den Fluid- und den Strukturraum vollzogen werden. Idealerweise erfolgt die Diskretisierung an den Grenzflächen zwischen Fluid und Struktur mit kongruenten Elementen. Somit kann an diesen Interfaceflächen eine Interpolation von Zustandsgrößen durch Elemente unterschiedlicher Größe vermieden werden.

Abbildung 4.12 zeigt einen Ausschnitt aus dem diskretisierten Berechnungsgebiet des Metallschaummodells. Deutlich ist anhand der Abbildung zu erkennen, dass im Wandbereich der Struktur die Diskretisierung verfeinert wurde, um die Temperatur- und die Geschwindigkeitsgradienten besser auflösen zu können. Die Struktur (Metallschaumstege) selbst ist mit mind. zehn Berechnungszellen über den Durchmesser vernetzt, um auch radiale Temperaturprofile (auf den Steg bezogen) ausreichend auflösen zu können.

Die Abbildung 4.13 zeigt das für das Abstandsgewirke erstellte Berechnungsgitter. Auch hier wurde an dem Fluid-Struktur-Interface darauf geachtet, dass die Oberflächenelemente kongruent sind. Analog zu den anderen beiden Berechnungsgittern wurde für den Filter ebenfalls eine Diskretisierung mit kongruenten Interfacezellen vorgenommen. Das Ergebnis der Vernetzung ist in Abbildung 4.14 dargestellt. Das Berechnungsgitter des Shifted Grid ist in Abbildung 4.15 dargestellt. Auch für dieses Modell wurde eine ausreichende Gittertiefe an den Wandbereichen und in der Struktur gewählt. Für alle vier Berechnungsmodelle wurde ein Vor- und Nachlauf gemäß der Tabelle 4.3 vorgenommen. Die Anzahl der dem Modell zugundeliegenden Berechnungszellen, Berechnungsknoten und internen Zellfaces sind in Tabelle 4.4 dargelegt.

Modell	Zellen	Knoten	Interne Flächen
Metallschaum	2954473	894266	6064313
Abstandsgewirke	4135895	1254345	8471604
Mediz. Filter	4082932	1326160	8414612
Shifted Grid	2584885	786639	5197544

Tab. 4.4.: Diskretisierungsdaten

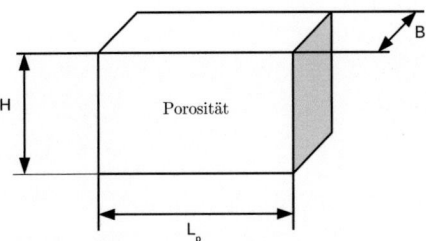

a) Konduktion: Metallschaum, Textil, Filter

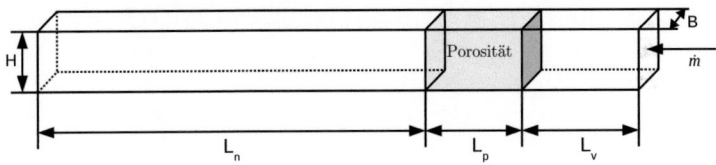

b) Konvektion: Textil, Sartobind Membran (medizinischer Filter)

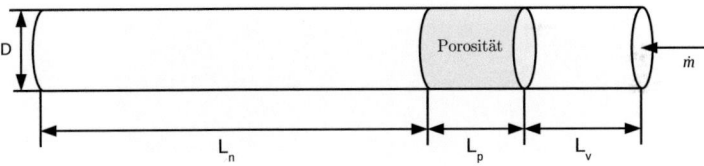

c) Konvektion: Metallschaum, Shifted Grid

Abb. 4.11.: Geometrische Konfiguration für die verschiedenen Berechnungen

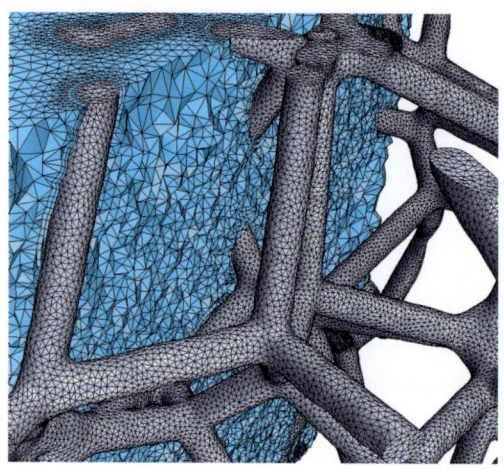

Abb. 4.12.: Berechnungsgitter für den Metallschaum im Ausschnitt

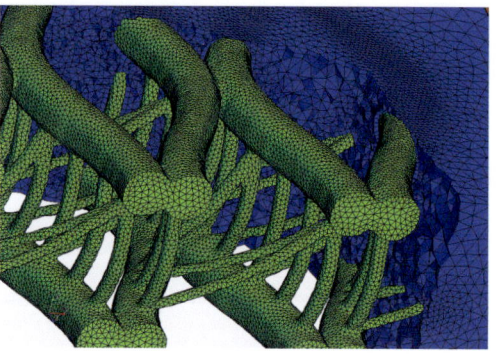

Abb. 4.13.: Berechnungsgitter für das Abstandsgewirke im Ausschnitt

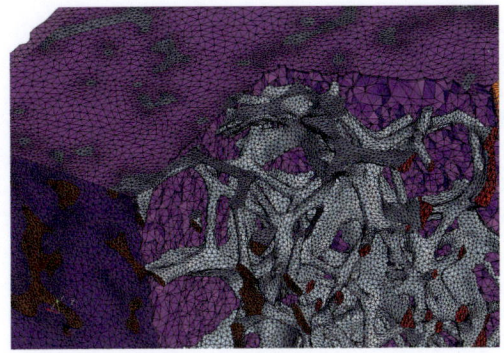

Abb. 4.14.: Berechnungsgitter für den Filter im Ausschnitt

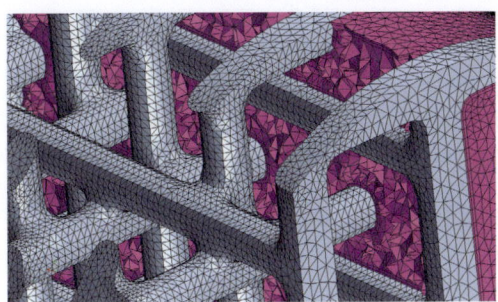

Abb. 4.15.: Berechnungsgitter für das Shifted Grid im Ausschnitt

4.3.4. Stoffeigenschaften der verwendeten Materialien und Fluide

Stoffeigenschaften für die Fluide

Die Stoffdaten aller gängigen Fluide sind temperaturabhängig. Für die durchgeführten numerischen Untersuchungen zur Konduktion wurden Luft, Wasser und Farolin-U als Testfluide herangezogen, bei den Untersuchungen zu Konvektion und Druckverlust wurde anstatt Farolin-U Ethanol und zusätzlich Methan als weiteres Gas verwendet. Die genannten Fluide unterscheiden sich in den Stoffeigenschaften teilweise drastisch. Die verwendeten Stoffdaten wurden aus [83, 1, 25] entnommen und werden für nicht angegebene Temperaturwerte aus den vorhandenen Daten für die Berechnungen linear bzw. durch geeignete Polynome approximiert und der Berechnung hinterlegt. Grundsätzlich muss darauf hingewiesen werden, dass die meisten Berechnungsprogramme zur Approximation von Stoffeigenschaften wie die Dichte (bei Flüssigkeiten) und die Wärmekapazität Polynome verwenden. Bei den anderen Stoffeigenschaften wie der Viskosität und der Wärmeleitfähigkeit können in der Regel Tabellenwerte mit linearer Interpolation hinterlegt werden, da diese eine geringere Temperaturabhängigkeit, zumindest in dem betrachteten Temperaturintervall, aufweisen. In den Tabellen A.1, A.2, A.3, A.4 und A.5 sind die wesentlichen Stoffdaten für die ausgewählten Fluide in einem jeweils üblichen Temperaturbereich dargestellt.

Viskosität Da die Viskosität eine wichtige stoffliche Eigenschaft darstellt und den Druckverlust maßgeblich beeinflusst [47, 38], ist die Berücksichtigung der Temperaturabhängigkeit von großer Bedeutung für die korrekte Berechnung des Reibungseinflusses bei der Durchströmung von porösen Materialien. Abbildung 4.16 bzw. 4.17 zeigt den Verlauf der Viskosität von verschiedenen Gasen bzw. Flüssigkeiten in Abhängigkeit der Temperatur (bei $p = 1\ bar$).

Liegt die Dichte in der Größenordnung von $1\ \frac{kg}{m^3}$, so ist der Unterschied zwischen der dynamischen und kinematischen Viskosität klein, was insbesondere bei Gasen zutrifft (siehe Gleichung 3.8). Bei Flüssigkeiten allerdings ist der Unterschied zwischen den beiden Viskositäten durch

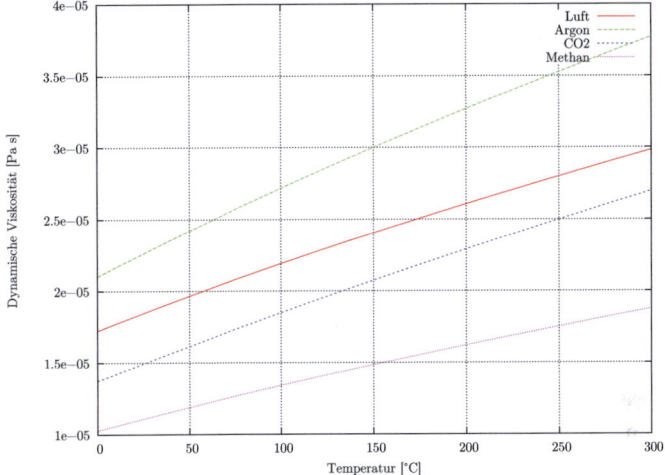

Abb. 4.16.: Dynamische Viskosität als Funktion der Temperatur für verschiedene Gase

die große Dichte erheblich. Die temperaturabhängige Viskosität wurde bei den Berechnungen durch eine lineare Interpolation der Tabellenwerte berücksichtigt.

Spezifische Wärmekapazität, Wärmeleitfähigkeit Für energetische Betrachtungen ist die spezifische Wärmekapazität c_p und die Wärmeleitfähigkeit λ wichtig, wobei die Wärmekapazität die Fähigkeit Wärme zu speichern ausdrückt und die Wärmeleitfähigkeit ein Maß für die Transportfähigkeit von Wärme durch einen Körper bzw. ein Fluid ist. Die Wärmekapazität und die Wärmeleitfähigkeit für verschiedene Gase sind in den Abbildungen 4.18 und 4.20 und für verschiedene Flüssigkeiten in den Abbildungen 4.19 und 4.21 dargestellt. Beide thermische Stoffeigenschaften steigen mit zunehmender Temperatur.

Die Wärmekapazität der in den Berechnungen zugrunde gelegten Fluide wurde durch ein Polynom dritter Ordnung als Funktion der Temperatur approximiert. In den numerischen Berechnungen wurde jeweils die mittlere

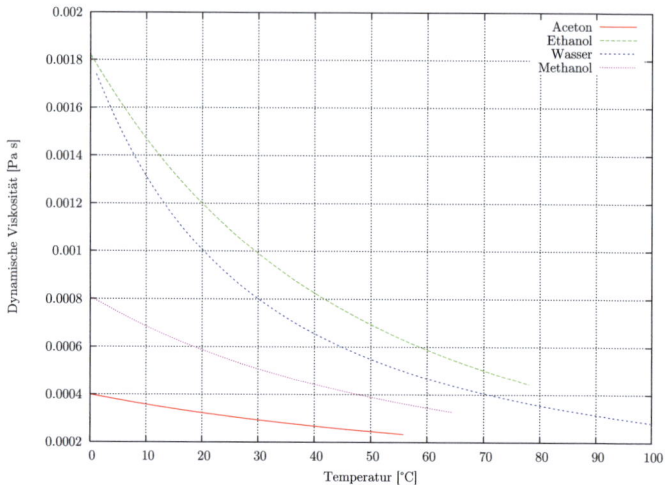

Abb. 4.17.: Dynamische Viskosität als Funktion der Temperatur für verschiedene Flüssigkeiten

Temperatur T_m des Fluides zur Berechnung von c_p verwendet. Gleichung 4.2 zeigt das verwendete Polynom und Tabelle 4.5 zeigt die für das jeweilige Fluid verwendeten Koeffizienten a_0, a_1, a_2, a_3. Die Ermittlung der Koeffizienten erfolgte auf Basis der Tabellenwerte und der Fit-Funktion von Gnuplot.

$$c_p = a_0 + a_1 \cdot T_m + a_2 \cdot T_m^2 + a_3 \cdot T_m^3 \qquad (4.2)$$

Dichte Bei Flüssigkeiten wie auch Gasen verändert sich die Dichte mit der Temperatur. Zur Vereinfachung der Berücksichtigung der Temperaturabhängigkeit der Dichte bei Flüssigkeiten wurde für die Berechnungen die Dichte ebenfalls als Polynom dritter Ordnung (siehe Gl. 4.2) approximiert. Die Koeffizienten für das Dichte-Polynom sind in Tabelle 4.6 für die beiden Flüssigkeiten Wasser und Ethanol dargestellt.

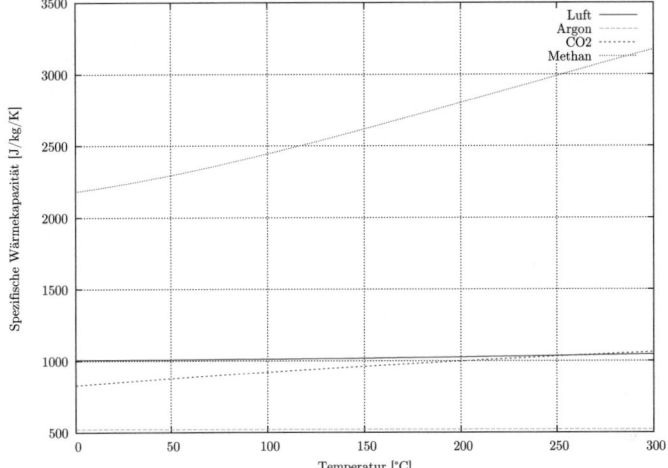

Abb. 4.18.: Spezifische Wärmekapazität als Funktion der Temperatur für verschiedene Gase

Im Falle der Gase (Luft und Methan) erfolgt die Berechnung der Dichte über die ideale Gasgleichung (siehe Gl. 4.3). Eine Abnahme der Dichte durch Energiezufuhr führt bei gleichbleibenden geometrischen Abmessungen zu einer lokalen Geschwindigkeitszunahme (siehe auch [47],[85],[34]). Dieser Effekt trägt zur Erhöhung des Wärmeübergangs und der turbulenten Intensität bei und ist für eine korrekte Berechnung des Wärmeübergangs unerlässlich. Abbildung 4.22 zeigt die Dichte verschiedener Gase und die Abbildung 4.23 zeigt die Dichte verschiedener Flüssigkeiten in Abhängigkeit der Temperatur.

Bei Gasen kann die Dichte durch die ideale Gasgleichung wie folgt berechnet werden:

$$\varrho = \frac{p}{R_i \cdot T} \quad \left[\frac{kg}{m^3}\right] \quad \text{mit} \quad \left\{ \begin{array}{ll} p & \text{Absolutdruck in [Pa]} \\ T & \text{Temperatur in [K]} \\ R_i & \text{spezifische Gaskonstante} \end{array} \right\} \quad (4.3)$$

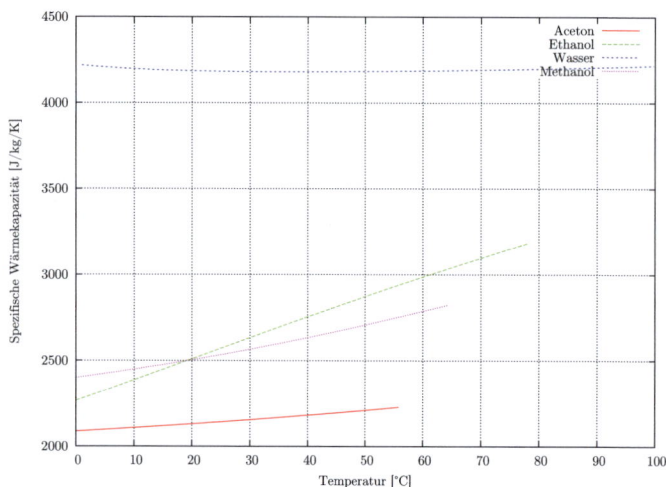

Abb. 4.19.: Spezifische Wärmekapazität als Funktion der Temperatur für verschiedene Flüssigkeiten

Die spezifische Gaskonstante läßt sich aus der allgemeinen Gaskonstante und dem Molekulargewicht für das betreffende Gas bzw. Gasgemisch berechnen. Trockene Luft z.B. hat ein Molekulargewicht von $M = 28.949 \; \frac{g}{mol}$. Mit der allgemeinen Gaskonstante $R = 8.31446 \; \frac{J}{mol \cdot K}$ errechnet sich die spezifische Gaskonstante zu $R_i = 287 \; \frac{J}{kg \cdot K}$. Je nach Gaszusammensetzung kann somit für einen beliebigen Zustand p, T die Dichte mit der idealen Gasgleichung berechnet werden.

$$R_i = \frac{R}{M_i \cdot T} \quad \left[\frac{J}{kg \cdot K} \right] \quad \text{mit} \quad \left\{ \begin{array}{ll} R & \text{Allgemeine Gaskonstante} \\ M_i & \text{Molekulargewicht} \end{array} \right\} \tag{4.4}$$

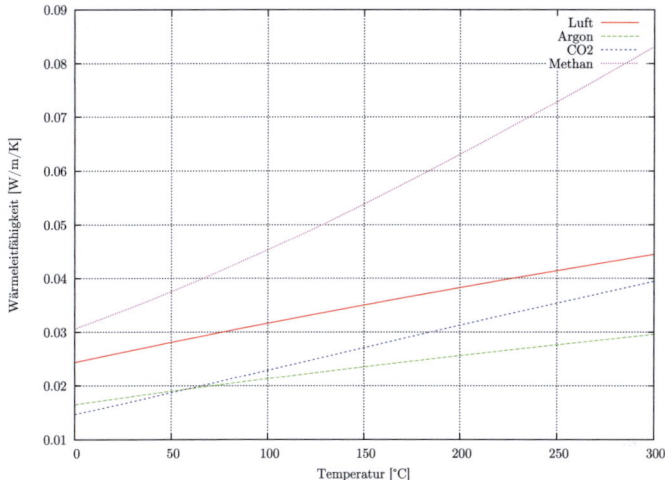

Abb. 4.20.: Wärmeleitfähigkeit als Funktion der Temperatur für verschiedene Gase

Materialeigenschaften für die poröse Struktur

Während für die eingesetzten Fluide (siehe Abschnitt 4.3.4) temperaturabhängige Stoffdaten ausgewählt wurden, werden für die Stoffeigenschaften der porösen Struktur konstante Stoffdaten verwendet. In Tabelle 4.7 sind die verwendeten Stoffdaten aufgelistet. Die Zuordung der Stoff-Fluid-Kombination für die einzelnen Berechnungen erfolgt in dem Abschnitt 4.3.6. Die Auswahl der Materialien erfolgte nach praktischen Gesichtspunkten, da z.B. Metallschäume in den in Tabelle 4.7 dargestellten Materialien zur Verfügung stehen.

Im Falle des Abstandsgewebes kommen maßgeblich PVC-Materialien oder dazu verwandte Materialien zum Einsatz. Gleichwohl existieren bereits erste Ansätze ein Abstandsgewirke mit metallischen Strukturen durch die Verwendung von metallischen Garnen zu erzeugen. Des weiteren existieren spezielle Gießverfahren (analog zu Metallschaum) [7, 50], um textile Abstandsgewirke nachzubilden. Die verwendeten Materialien sind

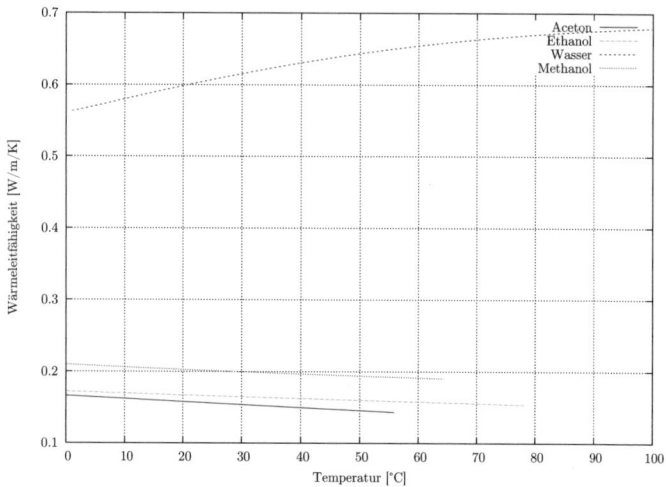

Abb. 4.21.: Wärmeleitfähigkeit als Funktion der Temperatur für verschiedene Flüssigkeiten

hinsichtlich ihrer Wärmeleitfähigeit gute Repräsentanten für diverse, in der Praxis verwendete Wärmeleiter.

Im Falle des medizinischen Filters allerdings wird vorrangig eine Gießlösung (Zellulose-Acetat-Lösung) verwendet, aus der durch eine geeignete Beströmung und Temperierung die Lösungsmittel verdunstet werden und sich somit eine Membran mit einer gewissen Porenverteilung bildet. Für den Bildungsprozess sei auf [69, 80] verwiesen. Die Stoffeigenschaften des Reinmaterials der Membran sind in Tabelle 4.7 dargelegt. Andere potentielle Materialien für alternative Filterstrukturen in ähnlicher Porenskala sind aus Graphit beschaffen. Für Graphit werden je nach Verarbeitungszustand Wärmeleitfähigkeitswerte von ca. $\lambda_G = 24 \frac{W}{mK}$ bis $\lambda_G = 160 \frac{W}{mK}$ angegeben. Für die Untersuchungen zur Ermittlung der effektiven Wärmeleitfähigkeit wurden daher für das Filtermaterial drei verschiedene Stoffe für den Festkörper angenommen. Diese sind in Tabelle 4.7 aufgelistet.

Fluid	a_0	a_1	a_2	a_3
Wasser	9855.46	-48.69	0.13736	$-1.27 \cdot 10^{-4}$
Luft	1161.22	-1.452	0.0044	$-4.25429 \cdot 10^{-6}$
Ethanol	3437.76	-34.6056	0.161896	$-1.86312 \cdot 10^{-4}$
Methan	2876.19	-8.34121	0.02661	$-1.97439 \cdot 10^{-5}$

Tab. 4.5.: Koeffizienten zur Bestimmung der temperaturabhängigen Wärmekapazität

Fluid	a_0	a_1	a_2	a_3
Wasser	214.805	6.948	-0.01938	$1.635 \cdot 10^{-5}$
Ethanol	1201.17	-2.77	0.007388	$-9.30039 \cdot 10^{-6}$

Tab. 4.6.: Koeffizienten zur Bestimmung der temperaturabhängigen Dichte bei Flüssigkeiten

Material/Stoffeigenschaft	ϱ [kg/m^3]	c_p [J/kg/K]	λ [W/m/K]
PVC	1500	900	0.23
Stahl	8055	480	15.1
Aluminium	2702	903	237
Nickel	8900	443	80
Zellulose Acetat	1300	500	0.2
Naturgraphit	2250	707	24
Expandiertes Graphit	2250	707	120

Tab. 4.7.: Verwendete Stoffdaten für die poröse Struktur

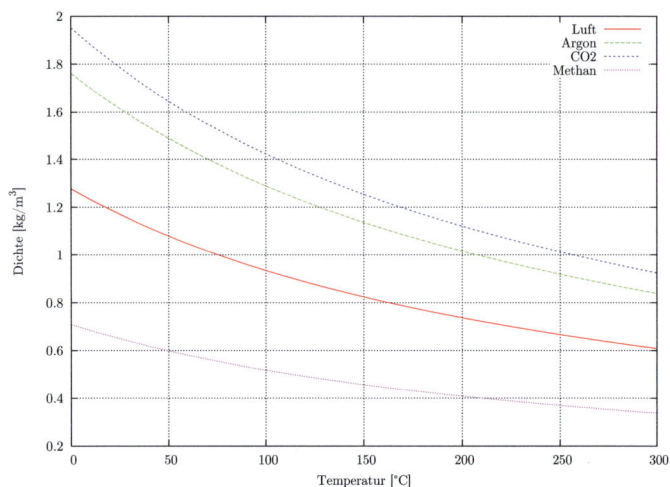

Abb. 4.22.: Dichte als Funktion der Temperatur für verschiedene Gase

4.3.5. Randbedingungen

Alle Versuche mit den verschiedenen Probenkörpern wurden mit vergleichbaren Randbedingungen ausgeführt.

Wärmeleitungsberechnungen

Im Falle der Wärmeleitungsversuche an porösen Quadern wird gezielt ein Temperaturgradient aufgeprägt. Dies erfolgt durch die thermische Fixierung der unteren und oberen gegenüberliegenden Fläche. Abbildung 4.24 zeigt beispielhaft die thermisch fixierten Flächen an dem Metallschaumkörper. Die Bodenfläche wird hierbei auf $T_k = 300\ K$ und die Deckelfläche auf $T_h = 350\ K$ festgelegt. Dadurch entsteht ein fest anliegender Temperaturgradient, der gleichermaßen auf die Stegenden und Fluidwände wirkt. Alle anderen Wände des porösen Körpers werden als adiabat angenommen, so dass sich lediglich in eine Richtung des porösen Systems ein Temperaturgradient ausbilden kann.

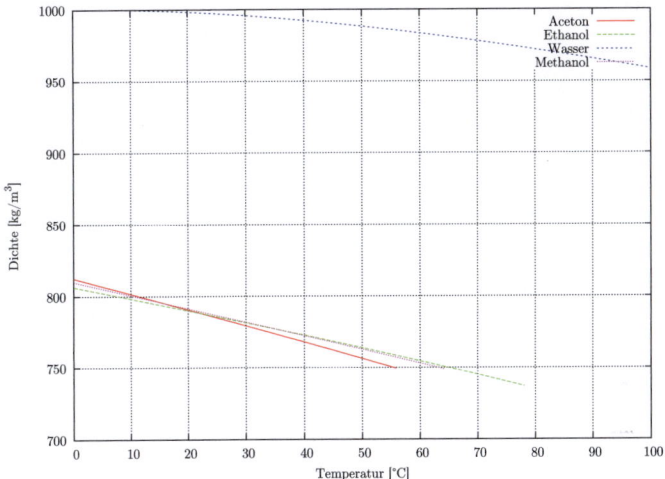

Abb. 4.23.: Dichte als Funktion der Temperatur für verschiedene Flüssigkeiten

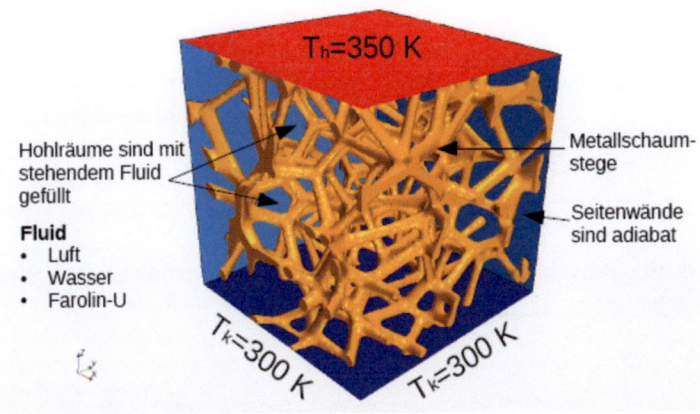

Abb. 4.24.: Randbedingungen für die Wärmeleitversuche (am Beispiel Metallschaum)

Berechnungen erzwungene Konvektion

Abbildung 4.25 zeigt die Versuchskonfiguration für die Durchströmungsversuche am Beispiel des Metallschaumes. Durch die gezielte Definition von adiabaten Wänden für den Zu- und Nachlauf wird in diesen Bereichen keine Wärme an die Umgebung übertragen. Der alleinige Bereich in dem Wärme dem System zu- bzw. abgeführt wird, ist der Bereich der Porosität. Im Falle kreisrunder und rechteckiger Strömungsquerschnitte wird die Mantelfläche um die Porosität thermisch auf $T_w = 333\ K$ fixiert. Die Zulauftemperatur des jeweiligen Fluides wird mit $T_e = 293\ K$ definiert. Die Einlaßgeschwindigkeit wird variiert, um somit Kennlinien berechnen zu können. Um eine Vergleichbarkeit zwischen den verschiedenen Porositäten ermöglichen zu können, wird gezielt die Reynoldszahl Re_e am Einlaßquerschnitt mit der bei der Einlaßtemperatur T_e herrschenden Viskosität gebildet und für alle Porositäten (Metallschaum, Textil, Filter, Shifted Grid) gleichermaßen variiert. Dies gilt auch für die Berechnungen mit anderen Fluiden. Durch diese Vorgehensweise kann die physikalische Ähnlichkeit hinsichtlich des Reibungseinflusses eingehalten werden und die Ergebnisse lassen sich damit untereinander vergleichen.

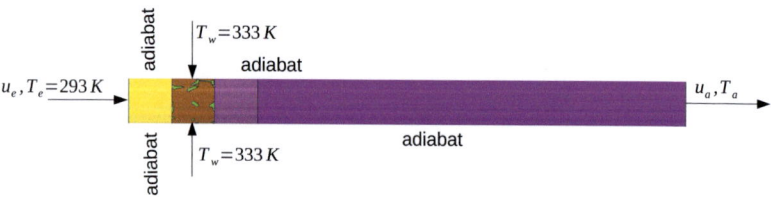

Abb. 4.25.: Randbedingung für die Konvektionsversuche (am Beispiel Metallschaum)

4.3.6. Berechnungsmatrix

Lastfälle Konduktion

Im Zusammenhang mit den Untersuchungen zur Ermittlung der effektiven Wärmeleitfähigkeit wurde eine Reihe an stationären Berechnungen durchgeführt. Die einzelnen Berechnungen unterscheiden sich in:

- der Art der Porosität (Metallschaum, Abstandsgewebe, Filter, Shifted Grid)

- dem Material für die Struktur

- dem Fluid

In Tabelle 4.8 sind die einzelnen Berechnungsfälle aufgeführt. Die Randbedingung wurde für alle Berechnungsfälle auf die in Abbildung 4.24 dargestellten Temperaturwerte fixiert. Im Falle der Filterprobe gestaltet sich die Materialzusammensetzung etwas anders als bei den anderen Porositäten. Während Abstandsgewebe in der Realität bereits aus Metall herstellbar sind, ist dies für Filtermaterialien undenkbar. Daher wird für das Filtermaterial ein Spektrum an denkbaren Materialien aus der Filtertechnologie zur numerischen Untersuchung herangezogen. Die Stoffeigenschaften für die Fluide und die Strukturmaterialien wurden bereits in Abschnitt 4.3.4 dargelegt. Zur vereinfachten Handhabung der Bezeichnungen führen wir an dieser Stelle folgende Zuordnungen für die Proben ein:

P1 Metallschaum

P2 Textiles Abstandsgewirke

P3 Sartorbind Membran (Filter)

P4 Shifted Grid

Struktur/Fluid	Wasser	Luft	Farolin-U
PVC	P1,P2,P3	P1,P2,P3	P1,P2,P3
Stahl	P1,P2	P1,P2	P1,P2
Aluminium	P1,P2	P1,P2	P1,P2
Nickel	P1,P2	P1,P2	P1,P2
Zellulose Acetat	P3	P3	P3
Naturgraphit	P3	P3	P3
Expandiertes Graphit	P3	P3	P3

Tab. 4.8.: Konduktion: Berechnungsmatrix für die Porositäten P1, P2, P3

Lastfälle erzwungene Konvektion

Wie bereits erwähnt wird die Variation des Betriebspunktes auf Basis der Reynoldszahl Re_e am Eintritt durchgeführt. Dies wurde bewußt so gewählt, damit die unterschiedlichen Porositäten hinsichtlich des Wärmeübertragungsverhaltens und des Druckverlustes vergleichbar sind. In Tabelle 4.9 sind die einzelnen Berechnungsfälle für den Probenkörper P1 und P4 zusammengestellt. In den Tabellen 4.10 und 4.11 sind die Berechnungsfälle für die anderen Probenkörper P2 und P3 dargestellt. Die thermischen Randbedingungen sind in Abbildung 4.25 dargestellt. An dieser Stelle sei nochmals erwähnt, dass die Zulauftemperatur grundsätzlich auf $T_e = 293\ K$ und die thermische Randbedingung an der Mantelfläche der Porosität auf $T_w = 333\ K$ für alle Proben und verwendeten Materialien fixiert wurde. Die Einlaßgeschwindigkeit variiert für die einzelnen Fluide selbstverständlich, da die Reynolds-Zahl für jedes Fluid je Betriebspunkt konstant gehalten wurde. Wie aus Tabelle 4.9 ersichtlich ist, wird bewußt ein Übergang zwischen laminar und turbulenter Rohrströmung in die Berechnungsfälle aufgenommen. Der Umschlag von laminarer zu turbulenter Strömungsform wird bei einer Reynolds-Zahl von $Re_e = 2300$ angenommen. Daher wurde bei den turbulenten Berechnungen ein Zwei-Gleichungs-Modell für die Turbulenz aus der k-ϵ-Familie gewählt, wobei k die kinetische Energie und ϵ die Dissipation beschreibt.

LF	Wasser		Luft		Ethanol		Methan	
	u $[m/s]$	Re_e	u $[m/s]$	Re_e	u $[m/s]$	Re_e	u $[m/s]$	Re
1	0.05	496	0.75	489	0.075	494	0.8	484
2	0.1	993	1.5	978	0.15	988	1.6	968
3	0.2	1986	2.25	1467	0.3	1975	2.4	1451
4	0.3	2979	3.	1956	0.45	2963	3.2	1935
5	0.4	3972	3.75	2445	0.6	3951	4.	2419
6	0.5	4965	4.	2608	0.75	4939	5.	3024
7	1.0	9930	8.	5216	1.5	9877	10.	6048
8	1.5	14895	12.	7824	2.25	14816	15.	9072
9	2.	19859	16.	10433	3.	19754	20.	12096
10	-	-	20.	13041	-	-	25.	15120

Tab. 4.9.: Berechnungsmatrix für die konvektiven Untersuchungen zum Metallschaum und dem Shifted Grid (Probe P1, P4, Strukturmaterial Aluminium)

LF	Wasser		Luft		Ethanol		Methan	
	u $[m/s]$	Re_e	u $[m/s]$	Re_e	u $[m/s]$	Re_e	u $[m/s]$	Re_e
1	0.05	912	0.75	898	0.04	484	0.45	500
2	0.1	1824	1.50	1796	0.08	967	0.9	1000
3	0.2	3647	2.25	2694	0.16	1934	1.5	1666
4	0.3	5471	3.	3592	0.24	2902	1.75	1944
5	0.4	7294	3.75	4491	0.32	3869	2.2	2443
6	0.5	9118	4.	4790	0.40	4836	2.75	3054
7	1.	18235	8.	9580	0.80	9674	5.5	6109
8	1.5	27353	12.	14370	1.	12092	8.	8885
9	2.	36470	16.	19160	1.65	19952	10.	11107
10	2.5	45589	20.	23949	-	-	14.	15549

Tab. 4.10.: Berechnungsmatrix für die konvektiven Untersuchungen zum Abstandsgewebe (Probe P2, Strukturmaterial PVC)

LF	Wasser		Luft		Ethanol		Methan	
	u [m/s]	Re_e	u [m/s]	Re_e	u [m/s]	Re_e	u [m/s]	Re_e
1	0.067	10	1.021	10	0.101	10	1.102	10
2	0.168	25	2.553	25	0.253	25	2.756	25
3	0.235	35	3.575	35	0.354	35	3.858	35
4	0.336	50	5.107	50	0.506	50	5.512	50
5	0.504	75	7.66	75	0.759	75	8.267	75
6	0.672	100	10.213	100	1.012	100	-	-

Tab. 4.11.: Berechnungsmatrix für die konvektiven Untersuchungen zum Filtergewebe (Probe P3, Strukturmaterial Zellulose Acetat)

5. Berechnungsergebnisse Mikrostrukturmodelle

In diesem Abschnitt widmen wir uns den numerisch erzielten Berechnungsergebnissen aus den Mikrostruktursimulationen. In Abschnitt 5.1 werden die Ergebnisse aus den Wärmeleitberechnungen vorgestellt. Die Ergebnisse zu den Konvektionsberechnungen basierend auf den Mikrostrukturmodellen werden in Abschnitt 5.2 erläutert. Die Ableitung der Porositätsparameter wird in Kapitel 5.3 vollzogen. Die Ergebnisse, die mit den berechneten Porositätsparametern anhand von Makroporositätsberechnungen (ohne aufgelöste Struktur) erzielt wurden, werden schließlich in Kapitel 6 dargelegt.

5.1. Wärmeleitung

5.1.1. Metallschaumproben P1

Wird die in Abschnitt 3.4.3 beschriebene Methode zur Berechnung der effektiven Wärmeleitfähigkeit für eine Porosität auf die Probe P1 angewendet, so lassen sich in Abhängigkeit des porösen Strukturmaterials und des dazwischen befindlichen Fluids die jeweilige effektive Wärmeleitfähigkeit in den einzelnen Auswerte-Ebenen j bestimmen. Durch die Mittelung der Einzelwerte λ_j gemäß Gl. 3.50 kann die mittlere Wärmeleitfähigkeit für das Gesamtsystem (Fluid-Struktur-System) ermittelt werden. In Abbildung 5.1 ist die berechnete Temperaturverteilung in einem Vertikalschnitt durch die Probe dargestellt. Durch die poröse Struktur verlaufen die Konturlinien konstanter Temperatur nicht horizontal. Durch den Strukturanteil wird die Wärme besser transportiert, wodurch sich um die Strukturstege eine Deformation des Temperaturprofils einstellt. Abbildung 5.2 zeigt die berechnete Temperaturverteilung in der Metallschaumstruktur. Durch die Steganordnung (in verschiedene Richtungen aufzweigend) verteilt sich die Wärme in den Stegen nahezu gleichmäßig in alle Raumrichtungen. Durch die in Querrichtung verlaufenden Stege muß der Wärmestrom einen Umweg eingehen, der dazu führt, dass der Temperaturgradient in Vertikalrichtung betrachtet nicht gleichmäßig ausfällt.

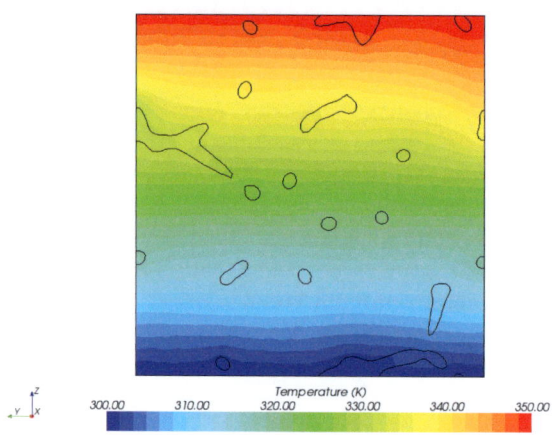

Abb. 5.1.: Berechnete Temperaturverteilung im Vertikalschnitt für den Metallschaum ($Al - H_2O$)

Gemäß der Lastfallspezifikation aus Tabelle 4.8 wurden systematisch alle Kombinationen an Fluid- und Strukturmaterialien kombiniert. Das zusammenfassende Ergebnis aus allen Berechnungen ist in Tabelle 5.1 dargelegt. Abbildung 5.3 zeigt die errechnete effektive Wärmeleitfähigkeit als Funktion der Wärmeleitfähigkeit der Struktur. Dadurch, dass die Stoffeigenschaften als konstant angenommen wurden, besteht ein linearer Zusammenhang zwischen der Wärmeleitfähigkeit der Struktur und der ermittelten effektiven Wärmeleitfähigkeit. Interessanterweise besteht zwischen den Verläufen für die verschiedenen Fluide nur ein geringer Unterschied. Die Wärmeleitfähigkeit der Struktur dominiert die sich einstellende effektive Wärmeleitfähigkeit sofern sie deutlich größer als die Wärmeleitfähigkeit des

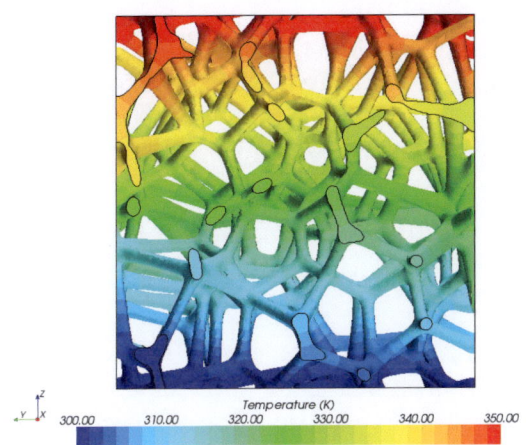

Abb. 5.2.: Berechnete Temperaturverteilung im Vertikalschnitt durch die Metallschaumstege $(Al - H_2O)$

Fluides ist. In diesem Fall wird die effektive Wärmeleitfähigkeit durch die Porosität, deren Poren mit einem Fluid gefüllt sind, gegenüber einem Vollmaterial erheblich reduziert. Für die Kombination Aluminiumschaum und Wasser beträgt das Verhältnis der effektiven Wärmeleitfähigkeit von Vollmaterial zu porösem Material $\frac{\lambda_{Al}}{\lambda_e} = 31.8$. Andersherum ausgedrückt: eine Porosität, die mit einem Fluid gefüllt ist, erreicht lediglich einen Bruchteil an effektiver Wärmeleitfähigkeit gegenüber der Wärmeleitfähigkeit des Vollmaterials.

5.1.2. Abstandsgewirke P2

Analog zu der Berechnungsmethodik wie in Abschnitt 5.1.1 vorgestellt wurden für das Abstandsgewirke ebenso stationäre Wärmeleitungsanalysen durchgeführt. Das textile Abstandsgewirke sieht auf den ersten Blick so aus, als ob dessen Strukturanteil wesentlich geringer als bei den Metallschäumen ist. Mit einer Porosität von $\Phi = 80.732$ % ist diese allerdings geringer

Struktur/Fluid	Wasser	Luft	Farolin-U
PVC	0.653	0.038	0.146
Stahl	1.176	0.458	0.581
Nickel	3.024	2.283	2.406
Aluminium	7.443	6.698	6.816

Tab. 5.1.: Ermittelte effektive Wärmeleitfähigkeit in $[\frac{W}{mK}]$ für die Metallschaumprobe

als die von Metallschaum (10 ppi, $\Phi = 92.317$ %). Der Strukturanteil des textilen Abstandsgewirkes fällt damit höher als erwartet aus und im Grunde ist zu erwarten, dass die effektive Wärmeleitfähigkeit z.B. im Falle von Aluminium sogar höher als bei Aluminumschaum ist.

Berechnet wurden die definierten Lastfälle gemäß Tabelle 4.8. Die Schichteinteilung erfolgte analog zu der Einteilung für die Probe P1 (siehe auch Abbildung 3.6). Abbildung 5.4 zeigt die berechnete Temperaturverteilung für die Kombination H_2O und Al für das Abstandsgewirke in einem Vertikalschnitt durch Fluid und Struktur. Der Einfluß der höheren Wärmeleitfähigkeit der Struktur gegenüber dem Fluid ist deutlich an den "verbogenen Konturlinien" zu erkennen. Die Abstandsfäden allerdings zeigen aufgrund ihres geringen Durchmessers kaum einen Einfluß auf die Temperaturverteilung. In Abbildung 5.5 ist die berechnete Temperaturverteilung in dem zuvor gezeigten Vertikalschnitt mit eingeblendeter Struktur dargestellt. Der Einfluß der Struktur führt in Vertikalrichtung (y-Richtung) zu einer Abnahme der effektiven Wärmeleitfähigkeit.

Bei einer Unterteilung in y-Richtung von 10 Layern ($s_j = 0.00114\ m$) analog zur Abbildung 3.6 ergibt sich für den 1. Layer eine effektive Wärmeleitfähigkeit von $\lambda_{e,1} = 34.87\ \frac{W}{mK}$ und ein Layer in der Mitte des Abstandsgewirkes, z.B. Layer 5, liefert eine effektive Wärmeleitfähigkeit von $\lambda_{e,5} = 12.14\ \frac{W}{mK}$. Dies stellt einen gravierenden Unterschied zu den Metallschäumen dar, da bei diesen die Schwankungsbreite für die Wärmeleitfähigkeit erheblich geringer ausfällt. Somit müssen die einzelnen Schichten als Schichten unterschiedlichen Materials mit einer anderen Stoffeigenschaft aufgefaßt werden. Wenden wir wiederum Gleichung 3.50 zur Bestimmung der effektiven Wärmeleitfähigkeit an, so lässt sich analog zum

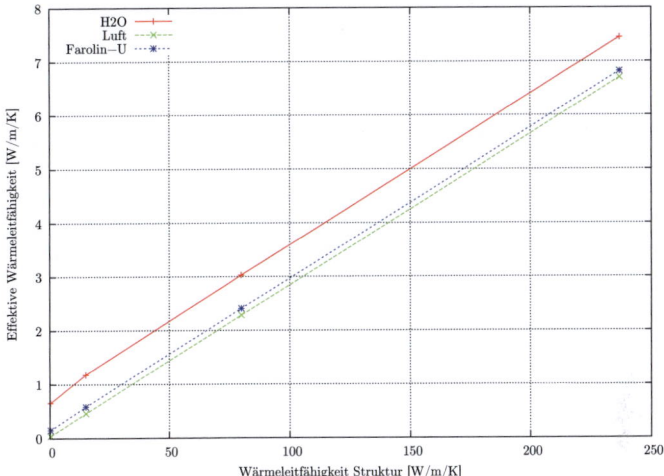

Abb. 5.3.: Berechnete effektive Wärmeleitfähigkeit für Metallschaum (10 ppi) in Abhängigkeit der Wärmeleitfähigkeit der Struktur

Metallschaum die effektive Wärmeleitfähigkeit über die Wärmeleitfähigkeit der Struktur auftragen (siehe Abb. 5.6). Wie bei der Probe P1 ergibt sich auch hier wiederum ein nahezu linearer Zusammenhang und der Einfluß des umgebenden Fluides auf die effektive Wärmeleitfähigkeit ist im Falle einer deutlich größeren Wärmeleitfähigkeit der Struktur gegenüber der des Fluides gering. Gleichwohl ist die effektive Wärmeleitfähigkeit des Textils z.B. für Aluminium um den Faktor 2-3 höher als bei Metallschaum. Die Erklärung hierin ist in der Stegdicke zu finden, da bei dem Abstandsgewirke die Stegdicke der Abstandsfäden gegenüber den Metallschaumstegen größer ist.

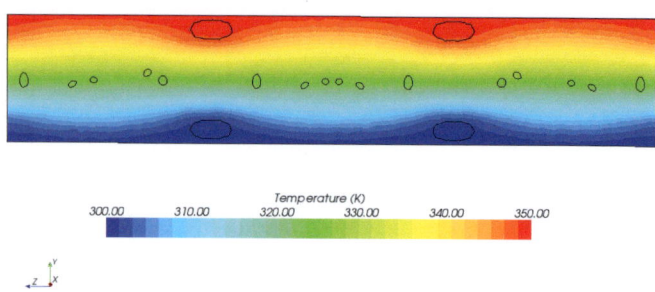

Abb. 5.4.: Berechnete Temperaturverteilung (Fluid und Struktur) im Vertikalschnitt für die Probe P2 ($Al - H_2O$)

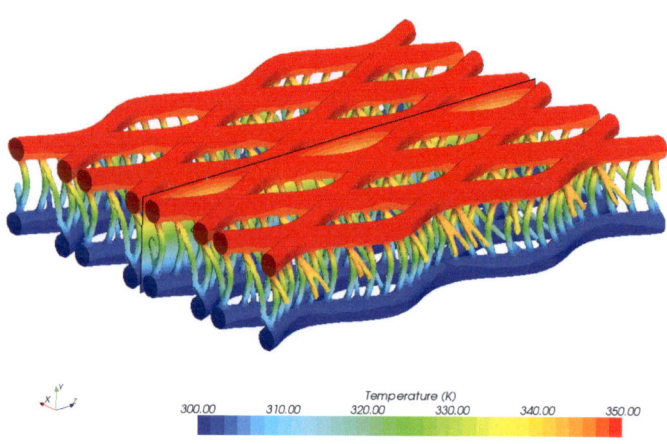

Abb. 5.5.: Berechnete Temperaturverteilung (Struktur) im Vertikalschnitt durch die Probe P2 ($Al - H_2O$)

StrukturFluid	Wasser	Luft	Farolin-U
PVC	0.612	0.051	0.154
Stahl	1.949	1.143	1.285
Nickel	6.736	5.888	6.031
Aluminium	18.222	17.365	17.509

Tab. 5.2.: Ermittelte effektive Wärmeleitfähigkeit in $[\frac{W}{mK}]$ für die Textilprobe

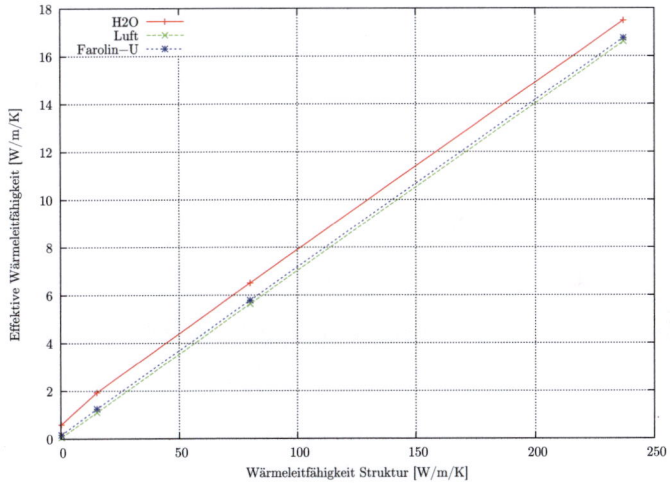

Abb. 5.6.: Berechnete effektive Wärmeleitfähigkeit für das Abstandsgewirke in Abhängigkeit der Wärmeleitfähigkeit der Struktur (Probe P2)

5.1.3. Medizinischer Filter P3

Abbildung 5.7 zeigt für den medizinischen Filter die berechnete Temperaturverteilung in einem Vertikalschnitt für die Kombination Wasser und Acetat. Der Einfluß der Struktur auf die Temperaturverteilung ist anhand der Deformation der Konturlinien zu erkennen. Da in der o.g. Fluid-Struktur-Kombination die Wärmeleitfähigkeit von Fluid und Struktur eher ähnlich ist, fällt die Deformation der Konturlinien gegenüber einer Horizontalen eher gering aus. Wird die Struktur räumlich mit eingeblendet, zeigt sich deutlich, dass bei der Filterstruktur die Stege unterschiedlich stark ausgeprägt sind und somit in Teilen der Struktur die Wärme durch die dickeren Stege besser verteilt werden kann. Das Filtermaterial ist aus diesem Grund eher als anisotrop geprägte poröse Struktur zu verstehen. Da der anisotrope Effekt aufgrund der sehr kleinen Dimensionen als untergeordnet eingestuft werden kann, erfolgte die Einteilung in Einzellayern (10 Layer) analog zu den anderen Proben. Die effektive Wärmeleitfähigkeit wurde somit ebenfalls nur in eine Achsenrichtung untersucht.

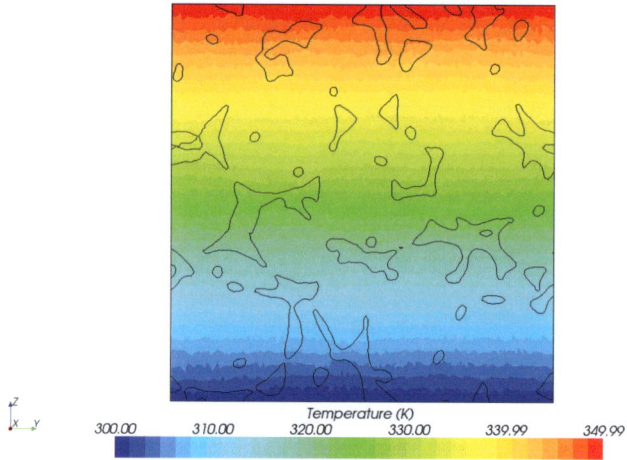

Abb. 5.7.: Berechnete Temperaturverteilung im Vertikalschnitt durch die Probe P3 (Filter)

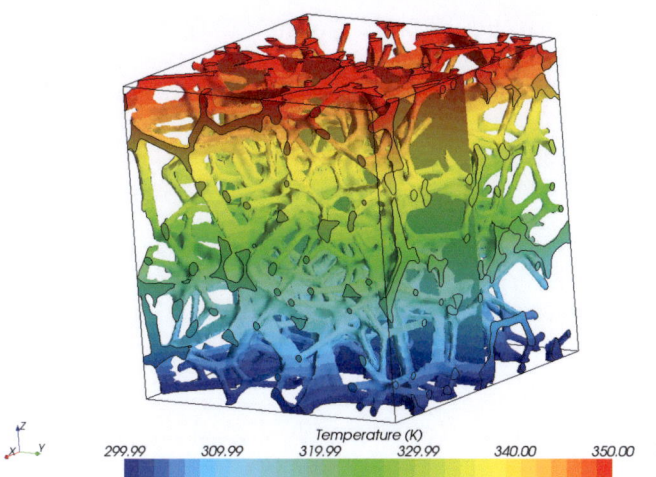

Temperature (K)
299.99   309.99   319.99   329.99   340.00   350.00

Abb. 5.8.: Berechnete Temperaturverteilung in der Struktur des Filters (P3)

Tabelle 5.3 zeigt die berechnete effektiven Wärmeleitfähigkeit für die verschiedenen Fluid-Struktur Kombinationen. Wie schon bei den anderen beiden Proben zeigt sich auch hier eine gegenüber der Wärmeleitfähigkeit der Struktur erheblich geringere effektive Wärmeleitfähigkeit. Im Falle von Graphit kann eine effektive Wärmeleitfähigkeit von $\lambda_e = 7.7 \ \frac{W}{mK}$ erzielt werden. Dies ist trotz der sehr kleinen Abstände bei dem Filter und einem Porendurchmesser in der Größenordnung von ca. $d_p = 5 \ \mu m$ durchaus erstaunlich.

Wie schon zuvor bei den anderen Proben festgestellt, ist der Einfluß des umgebenden Fluides auf die effektive Wärmeleitfähigkeit, sofern die Wärmeleitfähigkeit der Struktur deutlich größer als die des Fluides ist, gering. Abbildung 5.9 zeigt die ermittelte effektive Wärmeleitfähigkeit für das Filtermaterial in Abhängigkeit der Wärmeleitfähigkeit der Struktur. Wie schon zuvor bei den anderen Proben beobachtet stellt sich ein nahezu linearer Verlauf ein. Die höhere Wärmeleitfähigkeit von Wasser gegenüber Luft führt bei Acetat als Strukturmaterial zu einer Erhöhung der effektiven

Wärmeleitfähigkeit von $\lambda_e = 0.045 \frac{W}{mK}$ auf ca. $\lambda_e = 0.616 \frac{W}{mK}$. Könnte z.B. das Filtermaterial aus Aluminium hergestellt werden, so könnte die effektive Wärmeleitfähigkeit nahezu verdoppelt werden und würde damit ungefähr die Wärmeleitfähigkeit von Edelstahl erreichen, wobei Edelstahl bekannterweise mit einer Wärmeleitfähigkeit von ca. $\lambda_{st} = 15.1 \frac{W}{mK}$ im Vergleich zu anderen Metallen eher im unteren Bereich anzusiedeln ist.

Struktur/Fluid	Wasser	Luft	Farolin-U
Zellulose Acetat	0.616	0.045	0.153
Naturgraphit	2.254	1.515	1.636
Expandiertes Graphit	7.7308	6.932	7.066

Tab. 5.3.: Ermittelte effektive Wärmeleitfähigkeit in $[\frac{W}{mK}]$ für die Filterprobe

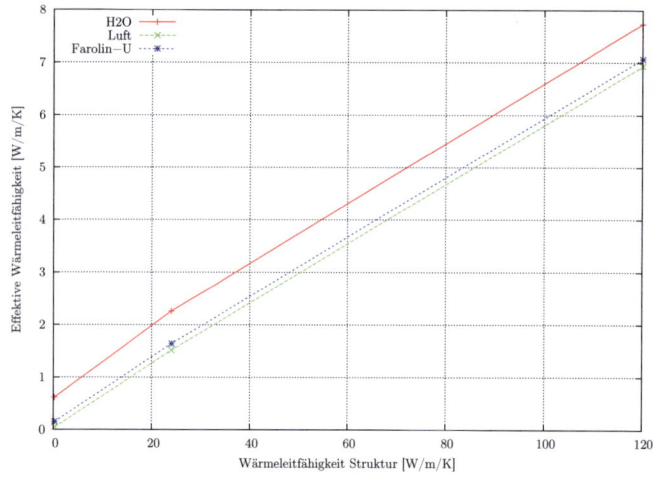

Abb. 5.9.: Berechnete effektive Wärmeleitfähigkeit für den Filter in Abhängigkeit der Wärmeleitfähigkeit der Struktur (Probe P3)

5.1.4. Berechnete effektive Wärmeleitfähigkeit im Vergleich

Die in den Abschnitten 5.1.1 bis 5.1.3 dokumentierten Berechnungen zur Ermittlung der effektiven Wärmeleitfähigkeit wurden anhand der im Abschnitt 3.4.3 dargelegten Methodik ausgewertet. Die Porosität der untersuchten Proben ist ähnlich und die resultierende effektive Wärmeleitfähigkeit in Abhängigkeit des Fluid- bzw. des Strukturmaterials ist durchaus in einer ähnlichen Größenordnung. Da für offenporige Metallschaumproben bislang umfangreiche Messungen und auch analytische Ansätze zur Bestimmung der effektiven Wärmeleitfähigkeit existieren, sollen an dieser Stelle einige dieser in der Literatur dargelegten Ergebnisse vergleichend herangezogen werden. Bhattacharya [84] hat für offenporige Metallschäume eine Korrelation (siehe 3.4.2) zur Berechnung der effektiven Wärmeleitfähigkeit abgeleitet. Er gibt für einen 10 ppi Al-Metallschaum mit einer Porosität von $\Phi = 0.909$ eine effektive Wärmeleitfähigkeit von Al-Metallschaum in Wasser bzw. in Luft von $\lambda_e = 7.6 \frac{W}{mK}$ bzw. $\lambda_e = 6.7 \frac{W}{mK}$ an. Tabelle 5.1 zeigt die numerisch im Rahmen dieser Arbeit ermittelte effektive Wärmeleitfähigkeit für verschiedene Fluid-Struktur Kombinationen. Für Wasser wird im Vergleich zu Bhattacharya eine effektive Wärmeleitfähigkeit von $\lambda_e = 7.443 \frac{W}{mK}$ und für Luft $\lambda_e = 6.698 \frac{W}{mK}$ erzielt. Die Abweichungen der numerisch berechneten effektiven Wärmeleitfähigkeit sind im Vergleich zu den Ergebnissen von Bhattacharya durchaus als gering einzustufen.

Eine experimentell ermittelte effektive Wärmeleitfähigkeit von offenporigem Al-Metallschaum wird von Hackeschmidt [66] vorgestellt. Für Metallschaum in Wasser bzw. in Luft wird hier ein Wert von $\lambda_e = 6.9 \frac{W}{mK}$ bzw. $\lambda_e = 5.8 \frac{W}{mK}$ angegeben. Die experimentell ermittelten Werte für die effektive Wärmeleitfähigkeit liegen zwar in der gleichen Größenordnung wie die analytisch bzw. numerisch ermittelten Werte, liegen aber grundsätzlich im Trend niedriger als die theoretisch ermittelten Werte. Eine Richtungsabhängigkeit konnte eindeutig nicht nachgewiesen werden. Somit kann offenporiger Metallschaum im Grunde als isotropes Material angesehen werden.

Wie bereits in Abschnitt 3.4.2 erläutert, hat Bhattacharya [84] eine empirische Gleichung aus Messungen abgeleitet, die ursprünglich nur für Metallschäume gültig sei. Wenden wir nun diese empirische Beziehung von Bhattacharya (siehe Gl. 3.46) auch auf die anderen untersuchten Porositäten an und vergleichen die damit erzielten Ergebnissen mit den numerisch ermittelten effektiven Wärmeleitfähigkeiten, so zeigt sich, dass mit einer geeigneten Anpassung des Korrekturfaktors f_A in Gleichung 3.46, diese ebenfalls ganz gut für die anderen Probenkörper wie Abstandsgewirke und medizinischer Filter angewendet werden kann. Als Fluid wurde jeweils Wasser mit einer Wärmeleitfähigkeit $\lambda_f = 0.64584 \ \frac{W}{mK}$ zugrunde gelegt.

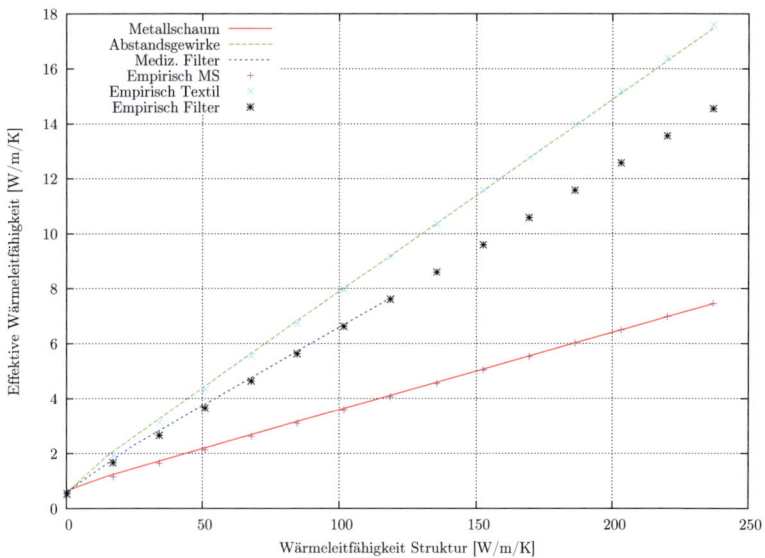

Abb. 5.10.: Berechnete effektive Wärmeleitfähigkeit (umgebendes Fluid H_2O) für die Probenkörper P1, P2, P3 im Vergleich zum empirischen Ansatz nach [84]

Abbildung 5.10 verdeutlicht, dass der empirische Ansatz sehr gute Vergleichswerte liefert, eine Anpassung des Korrekturfaktors f_A vorausgesetzt. Tabelle 5.4 zeigt den ermittelten Korrekturfaktor f_A gemäß Gleichung 3.46 und die modellierte Porosität Φ für die jeweilige Probe. Die Wärmeleitfähigkeit der Struktur λ_s wurde bei der Auswertung der empirischen Beziehung zwischen 0.2 $\frac{W}{mK}$ und 237 $\frac{W}{mK}$ variiert. Interessanterweise liegen die Korrekturfaktoren allesamt in einer ähnlichen Größenordnung, bei dem Metallschaum und dem Abstandsgewirke sind sie sogar identisch. Durch die Mikrostrukturberechnungen können somit die Korrekturfaktoren für verschiedenen Porositäten bestimmt und der empirische Ansatz zur ingenieursmäßigen Abschätzung verwendet werden.

Parameter	Metallschaum	Textil	Filter
Korrekturfaktor f_A	0.37	0.37	0.46
Porosität	92.25	80.73	87.255

Tab. 5.4.: Korrekturfaktoren zur Berechnung der effektiven Wärmeleitfähigkeit (empirischer Ansatz)

5.2. Konvektion und Druckverlust

Anhand der Tabellen 4.9, 4.10 und 4.11 sind die Berechnungsfälle für die einzelnen porösen Probenkörper dargelegt. Im ersten Schritt widmen wir uns ausführlich den erzielten Ergebnissen mit der Metallschaumprobe P1, da diese in den vergangenen Jahren sehr intensiv untersucht wurde und umfangreiche Vergleichsmöglichkeiten zur Validierung der Ergebnisse existieren.

5.2.1. Metallschaum P1

Abbildung 5.11 zeigt die berechneten physikalische Größen wie Geschwindigkeit und Temperatur in verschiedenen Ebenen, sowie die Geschwindigkeitsvektoren und Stromlinien für Wasser bei einer Reynolds-Zahl am Rohrbzw. Kanaleintritt von $Re_e = 9930$. Die Metallschaumstege führen zu einer Strömungsumlenkung mit einhergehender Geschwindigkeitserhöhung. Dies ist daran zu erkennen, dass für diesen Lastfall eine Eintrittsgeschwindigkeit von $v_e = 1\ \frac{m}{s}$ gewählt wurde, aber die maximale Geschwindigkeit von der durchschnittlichen Geschwindigkeit am Eintritt um den Faktor $f_v = 3.5$ zunimmt. Dies lässt sich anhand der Verdrängungswirkung der Stege mit

einhergehender Querschnittsreduktion erklären. Die Geschwindigkeits-
deformation ist anschaulich anhand der Stromlinien zu erkennen. Die
Strömung erfährt durch die Porosität Geschwindigkeitskomponenten in
Umfangs- und in Radialrichtung. Die Wärmezufuhr erfolgt über die mit
dem Fluid in Kontakt stehenden Strukturen im Bereich der Porosität. In
unserem Fall sind dies die Mantelfläche des Zylinders um den Metallschaum
und die Oberfläche der Metallschaumstege. Ein Detailausschnitt in ein
Teilgebiet des Metallschaums (siehe Abb. 5.12) zeigt eindrucksvoll die
Staupunktswirkung der Metallschaumstege und die damit verbundene
Umlenkung des Geschwindigkeitsfeldes.

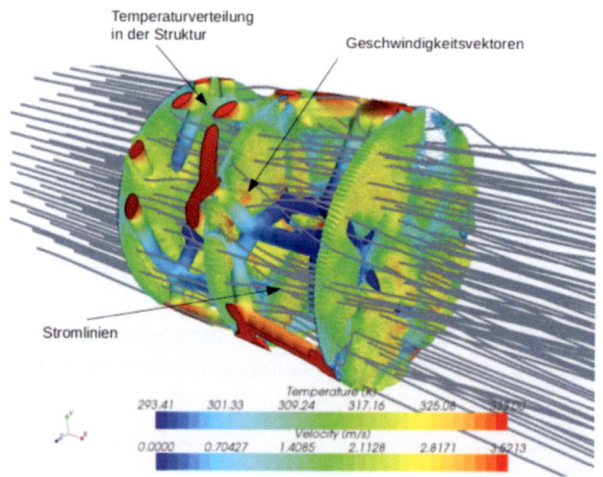

Abb. 5.11.: H_2O: Berechnete Geschwindigkeitsvektoren in ausgewählten Ebenen, Temperaturverteilung in der Struktur und Stromlinien für
Metallschaum (10 ppi, $Re_e = 9930$)

In der weiteren Abbildung 5.13 ist die Temperaturverteilung in der Metallschaumstruktur in Strömungsrichtung dargestellt. Wie zu erwarten war,
bleibt das Innere des Metallschaumes thermisch auf dem Temperaturniveau
der Eintrittstemperatur $T_e = 293\ K$ in das System. Für den berechneten
Fall der turbulenten Strömung ist die Verweilzeit des Fluides zu gering,

als dass sich die zugeführte Wärme bis in die Mitte des Metallschaums entwickeln kann.

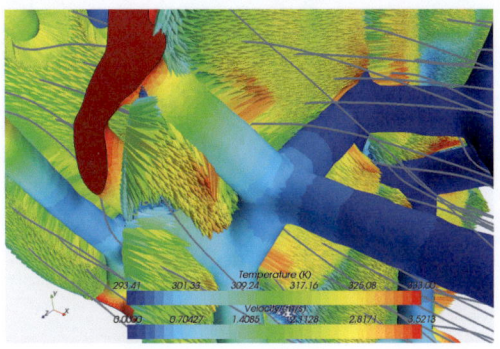

Abb. 5.12.: H_2O: Berechnete Geschwindigkeitsvektoren in der Detailansicht mit eingeblendeter Temperaturverteilung in den Metallschaumstegen ($Re_e = 9930$)

Abb. 5.14 zeigt die berechnete Geschwindigkeit im Vertikalschnitt für den gesamten Rohrverlauf bei turbulenter Zuströmung ($Re_e = 14895$). Im Bereich der Porosität sind wie schon erwähnt lokale Geschwindigkeitserhöhungen zu beobachten, unmittelbar nach der Porosität zeigt sich noch eine verbleibende Inhomogenität im Geschwindigkeitsprofil, die sich aber im weiteren Verlauf wieder vergleichmässigt. Dies läßt sich sehr gut an Abb. 5.15 ablesen. Vor dem Eintritt in die Porosität liegt nahezu ein Kolbenprofil der Geschwindigkeit vor. Innerhalb der Porosität läßt sich eine erhebliche lokale Zunahme der Geschwindigkeit beobachten. Diese Inhomogenität der Geschwindigkeit bleibt auch nach dem Verlassen der Porosität erhalten, jedoch erfolgt durch die Metallschaumstege im weiteren Verlauf bis zum Verlassen der Porosität eine Umschichtung der Geschwindigkeitsspitzen, die unmittelbar nach dem Verlassen der Porosität anhalten. Am Rohrauslaß hat sich die Strömung weitgehend wieder vergleichmäßigt und zeigt, wie aus Abb. 5.15 deutlich wird, ein für Rohrströmungen typisches Geschwindigkeitsprofil.

Die Bildserie aus Abbildung 5.16 zeigt untereinander die berechnete Druck-, Geschwindigkeits- und Temperaturverteilung (für das Fluid Wasser) in

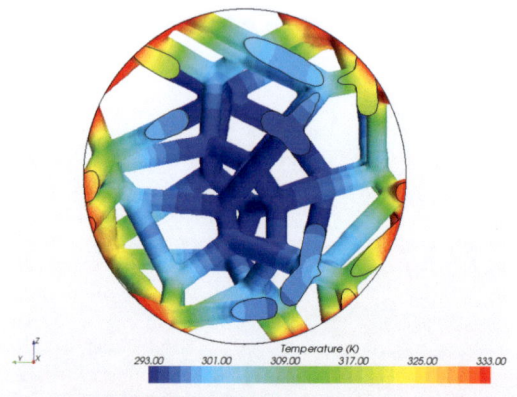

Temperature (K)
293.00   301.00   309.00   317.00   325.00   333.00

Abb. 5.13.: H_2O: Berechnete Temperaturverteilung in der Struktur des Metallschaums ($Re_e = 9930$)

einem Vertikalschnitt rund um die Porosität bei laminarer Zuströmung. Die Porosität bewirkt eine Erhöhung des statischen Druckes vor Eintritt in die Porosität. Gegenüber einem leeren Rohr ist dies ein signifikanter Unterschied. Während der Druckabfall nach der Porosität den Regeln der verlustbehafteten Rohrströmung folgt, wird durch die Umströmung der Stege und die vergrößerte Fläche, an denen eine Wandreibung stattfindet, ein zusätzlicher Druckverlust erzeugt.

Betrachten wir die berechnete Temperaturverteilung im Schnitt bei turbulenter Zuströmung (siehe Abb. 5.17), so ist auffallend, dass sich im Bereich der Zylinderwand an dem sich keine Stege des Metallschaums befinden, nur eine sehr dünne Grenzschicht bemerkbar macht (höhere Reynolds-Zahl). Durch den Effekt der Stegumströmung wird die bei einer reinen Rohrströmung zu erwartende thermische Grenzschicht aufgeweitet. Dies kann insbesondere nach Austritt aus der Porosität beobachtet werden.

Durch die erheblich höhere Anströmgeschwindigkeit mit einer lokalen Geschwindigkeitszunahme im Metallschaum auf ca. das 3-fach der Zuströmgeschwindigkeit, wird die Verweilzeit des Fluides bei gleichzeitiger Erhöhung des Wärmeübergangs reduziert. Dies hat zur Folge, dass die in

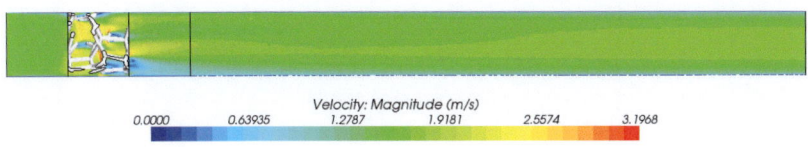

Velocity: Magnitude (m/s)

0.0000   0.63935   1.2787   1.9181   2.5574   3.1968

Abb. 5.14.: H_2O: Berechnete Geschwindigkeitsverteilung im gesamten Rohrverlauf (Probe P1, $Re_e = 14895$)

die Schaumstruktur über die Aussenwand eingetragene Wärme schon in Wandnähe wieder konvektiv ausgetragen wird. Der Effekt der größeren wärmeübertragenden Fläche durch die Schaumstruktur kommt dadurch nicht ausreichend zum Tragen. Durch die turbulente Strömungsform wird durch instationäre Geschwindigkeitsschwankungen in Radialrichtung das Geschwindigkeitsfeld vergleichmäßigt. Dies ist deutlich durch den Vergleich der Geschwindigkeitsverteilung bei laminarer und turbulenter Zuströmung (siehe Abb. 5.16 und 5.17) zu erkennen.

Zum Vergleich der thermischen Wärmeübertragungseffekte in Abhängigkeit der untersuchten Fluide sind Geschwindigkeit und Temperatur für eine laminare Zuströmung in den Abbildungen 5.18 und 5.19 dargestellt. Auf den ersten Blick auf die jeweilige Verteilung der Geschwindigkeit wird deutlich, dass die physikalischen Effekte sich zwischen den betrachteten Fluiden zueineinder "ähnlich" verhalten. Abgesehen von dem jeweiligen Geschwindigkeitsniveau ist dies aufgrund gleicher Reynolds-Zahl und identischer Geometrie (Ähnlichkeitstheorie, [46]) erklärbar. Bei der Temperaturverteilung ergeben sich allerdings große Unterschiede. Im Falle der Flüssigkeiten Wasser und Ethanol bildet sich nur eine dünne thermische Grenzschicht aus. Im Falle der beiden Gase Luft und Methan umfasst die thermische Durchmischung nach dem Verlassen der Porosität bereits nahezu den kompletten Strömungsquerschnitt. Eine zentrale Rolle für den konvektiven Wärmeeintrag spielt die Prandtl-Zahl ($Pr = \frac{\mu c_p}{\lambda}$). Diese stellt ein Maß für das Verhältnis der Dicken von Strömungs- zu Temperaturgrenzschicht dar und verknüpft somit das Geschwindigkeitsfeld mit dem Temperaturfeld. Die Prandtl-Zahl z.B. von Luft beträgt $Pr_L = 0.7$

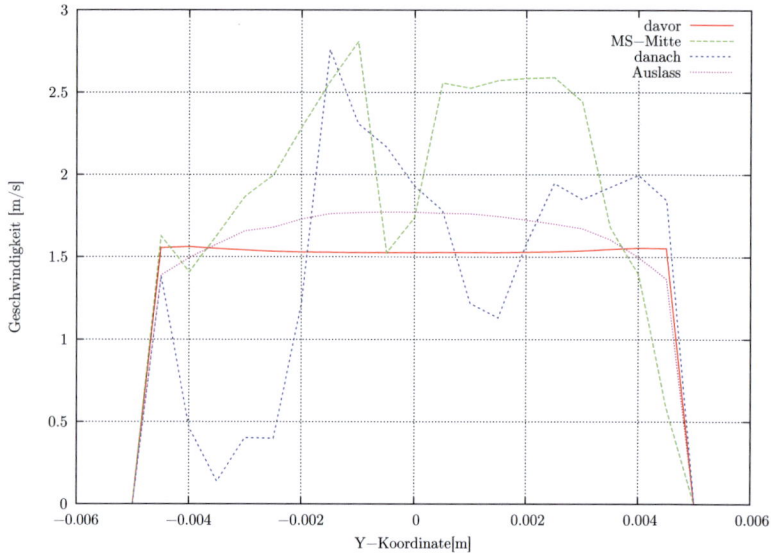

Abb. 5.15.: H_2O: Geschwindigkeitsprofile vor, in und nach der Porosität sowie am Rohraustritt (Probe P1, $Re_e = 14895$)

und die von Wasser ist mit einem Wert von $Pr_W = 7$ um einen Faktor 10 größer als die von Luft. Indirekt lässt sich dies an den Temperaturfeldern der Abb. 5.19 ablesen. Mit abnehmender Prandtl-Zahl zeigt sich eine zunehmende Erwärmung des Fluides. Das Maß der Erwärmung des Fluides kann somit qualitativ als umgekehrt-proportional zur Prandtl-Zahl verstanden werden.

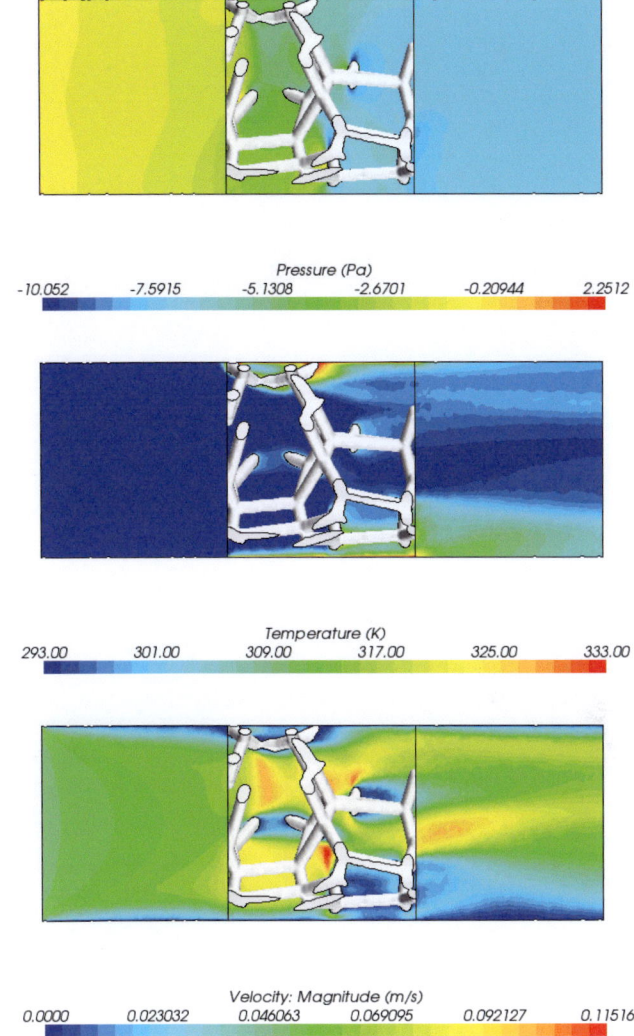

Abb. 5.16.: H_2O: Berechnete Erhaltungsgrößen im Schnitt, von oben nach unten: Druck, Temperatur, Geschwindigkeit, laminare Zuströmung, Probe P1, $Re_e = 496$

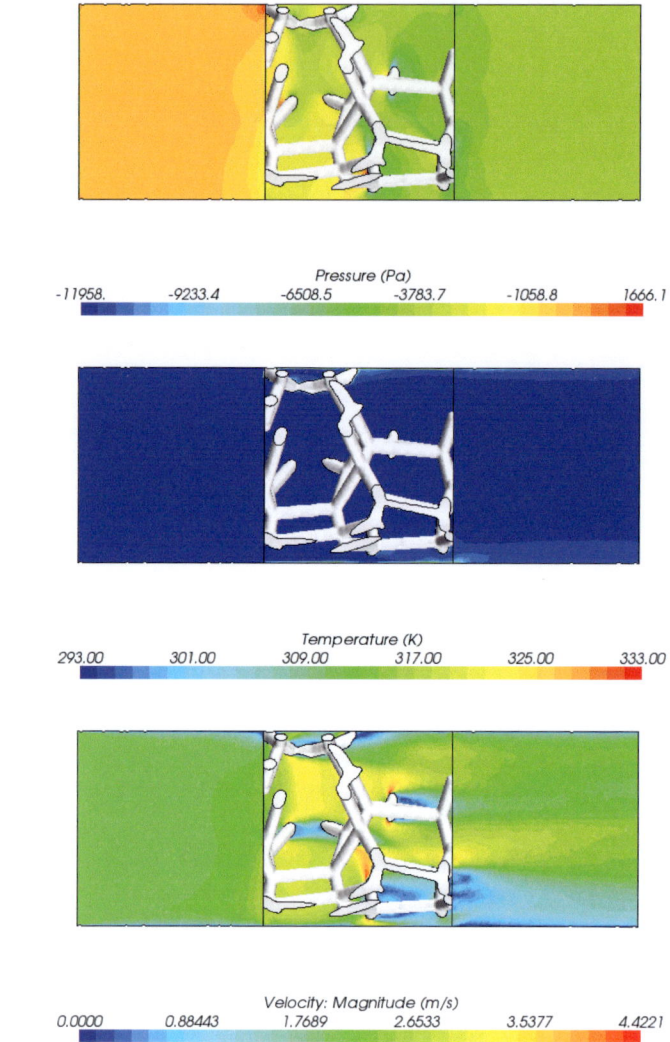

Abb. 5.17.: H_2O: Berechnete Erhaltungsgrößen im Schnitt, von oben nach unten: Druck, Temperatur, Geschwindigkeit, turbulente Zuströmung, Probe P1, $Re_e = 19859$

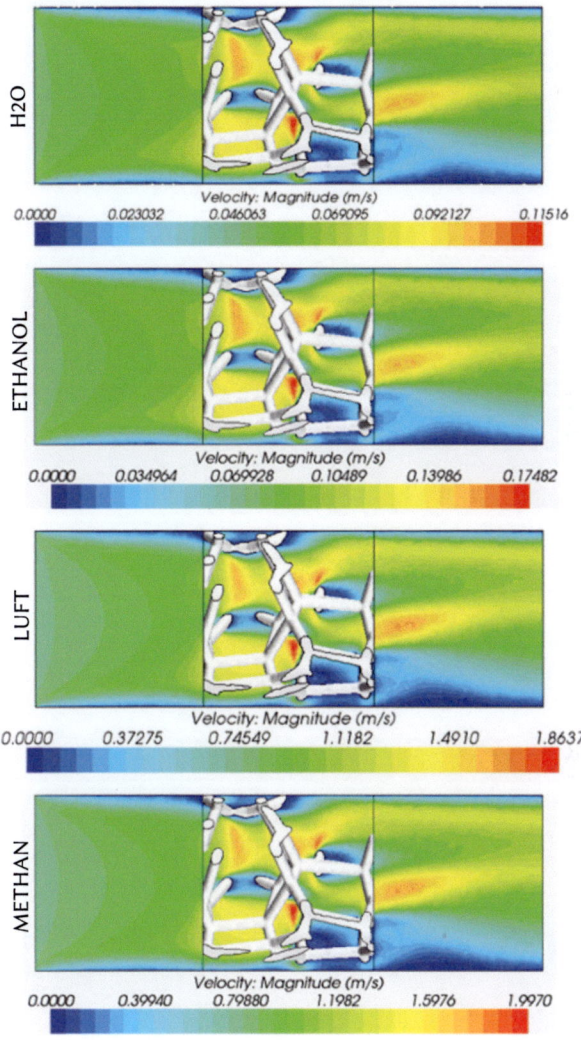

Abb. 5.18.: Berechnete Geschwindigkeit im Schnitt, von oben nach unten: H_2O, Ethanol, Luft, Methan, laminare Zuströmung, Probe P1

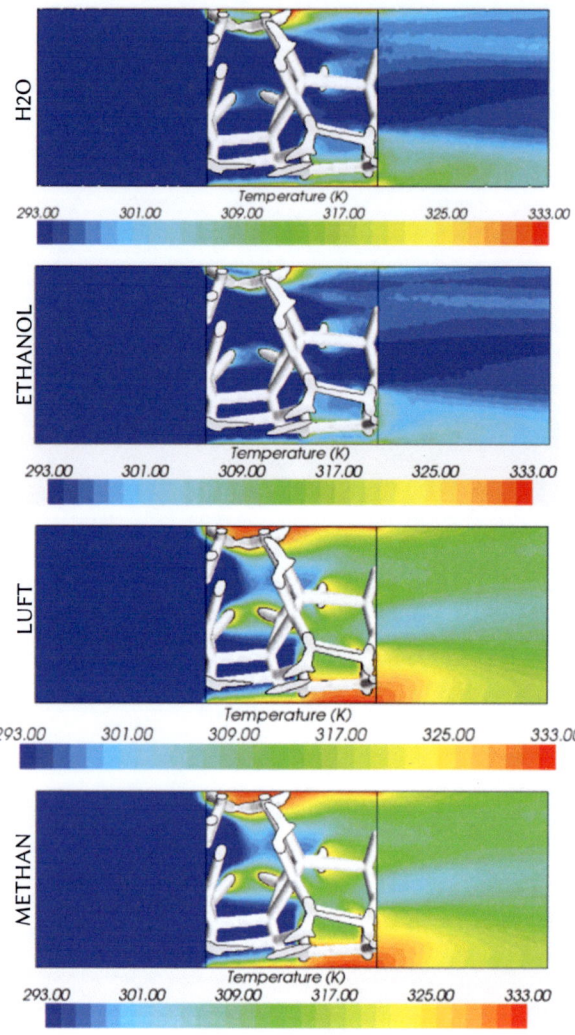

Abb. 5.19.: Berechnete Temperatur im Schnitt, von oben nach unten: H_2O, Ethanol, Luft, Methan, laminare Zuströmung, Probe P1

5.2.2. Textiles Abstandsgewirke P2

Abbildung 5.20 zeigt in einem horizontalen Schnitt durch die Textilprobe die berechneten Zustandsgrößen Druck, Temperatur und Geschwindigkeit für das mit Wasser durchströmte Textil. Wie schon bei der Metallschaumprobe beobachtet, bildet sich lediglich an der Seitenwand eine dünne thermische Grenzschicht heraus. Im Innern des Textils ist keine merkliche Temperaturerhöhung des Fluids zu beobachten, da die Wärmeleitfähigkeit der textilen Struktur sehr klein im Vergleich zu Aluminium ist ($\lambda_s = 0.23 \frac{W}{m^2 K}$, siehe Tabelle 4.7). Aufgrund der großen Prandtl-Zahl von Wasser fällt die thermische Grenzschicht "dünn" aus und führt bei einer Zuström-Reynolds-Zahl von $Re = 18235$ zu einer geringfügigen Temperaturerhöhung des Fluides am Austritt aus der Meßstrecke. Eine Temperaturerhöhung entlang der Abstandsfäden ist nur im wandnahen Bereich zu verzeichnen. Der Einfluß der sehr dünnen Abstandsfäden durch die Staupunktswirkung führt zu einer lokalen Überhöhung der Geschwindigkeit gegenüber der Anströmgeschwindigkeit um einen Faktor von $f_v = 1.44$. Im Falle von Luft als Fluid-Medium (siehe Abb. 5.21) liegt die lokale Geschwindigkeitserhöhung ($R_e = 19159$) bei einem Faktor von ca. $f_v = 2.88$ und ist somit deutlich höher als bei der Wasserdurchströmung. Bei der Temperaturentwicklung allerdings ist durch die geringe Prandtl-Zahl von Luft bedingt eine verstärke Grenzschichtenwicklung mit einer erhöhten thermischen Durchmischung bereits im Textilbereich und nach der Durchströmung des Textils zu beobachten.

5.2.3. Medizinischer Filter P3

Wie bereits erwähnt wurden die Berechnungen für den medizinischen Filter grundweg laminar durchgeführt. Abbildung 5.22 zeigt analog zum Textil die berechneten Zustandsgrößen für eine Zuström-Reynolds-Zahl von $Re_e = 100$ für das Fluid Wasser im Schnitt. Durch die erhöhte Verweilzeit des Fluides kann sich eine dickere thermische Grenzschicht (durch die Strukturstege) ausbilden und führt zu einer verbesserten thermischen Durchmischung in Richtung des Austrittes aus dem Strömungskanal. Gleichwohl ist nur die wandnahe Struktur wesentlich am konvektiven Wärmeaustausch beteiligt (Wärmeleitfähigkeit gering, siehe Tabelle 4.7). Wird der Filter mit Luft durchströmt (siehe Abb. 5.23), so läßt sich eine erheblich höhere thermische Durchmischung bereits unmittelbar nach dem Verlassen der Porosität beobachten. Da die Reynolds-Zahl für Luft gegenüber Wasser in der gleichen Größenordung modelliert wurde, ist das Geschwindigkeitsfeld im Vergleich zwischen den beiden Fluiden "ähnlich".

5.2.4. Shifted Grid P4

Im Falle des virtuellen Materials des Shifted Grid, führt die bewusst versetzte Anordnung der Stege in alle drei Raumrichtungen bereits für Wasser zu einer besseren thermischen Anbindung der Strukturstege an das Fluid. Dies kann anhand der Abbildung 5.24 gut verdeutlicht werden. Der Wärmetransport über die Stege, da diese mit einem größeren Stegdurchmesser versehen sind, findet bis in größere Bereiche in Richtung der Rohrmitte statt. Die thermische Grenzschicht kann damit aufgeweitet werden und die thermische Einmischung (konvektiver Wärmeeintrag) erhöht werden. Durch die versetzte Anordnung finden stetig Ablösungen statt, die wiederum auf einen Steg treffen und somit zu einem erhöhten Wärmeübergang führen. Im Falle von Luft als Strömungsmedium ist dies noch erheblich stärker ausgeprägt. Abbildung 5.25 zeigt die sehr gute thermische Durchmischung bereits innerhalb der Porosität. Der Stegeinfluß ist hierbei essentiell.

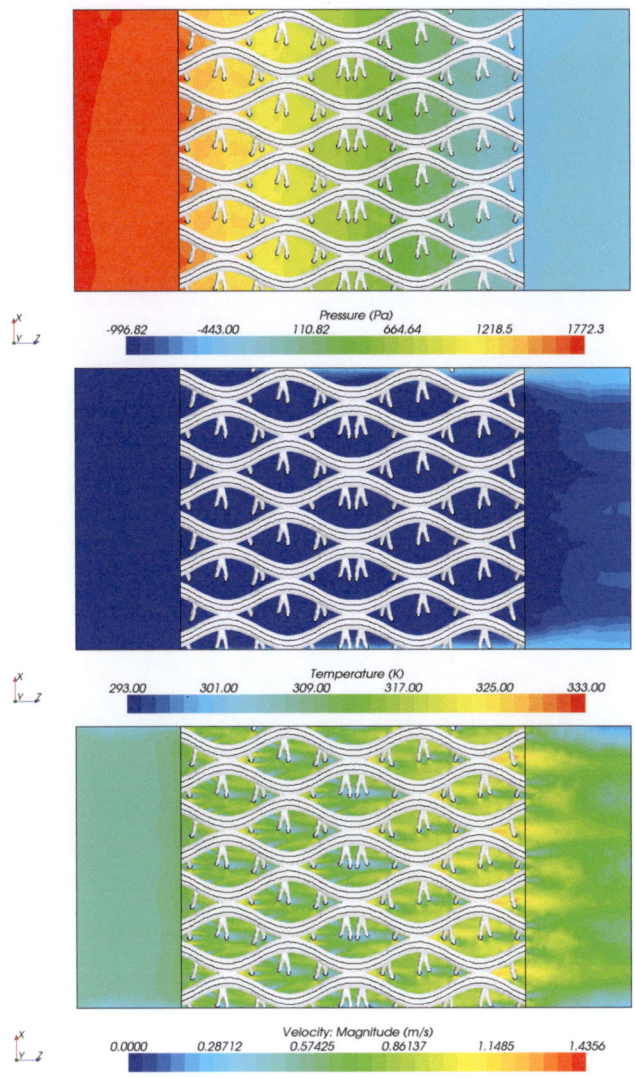

Abb. 5.20.: H_2O: Berechnete Erhaltungsgrößen im Schnitt, von oben nach unten: Druck, Temperatur, Geschwindigkeit, turbulente Zuströmung, Probe P2, $Re_{zu} = 18235$

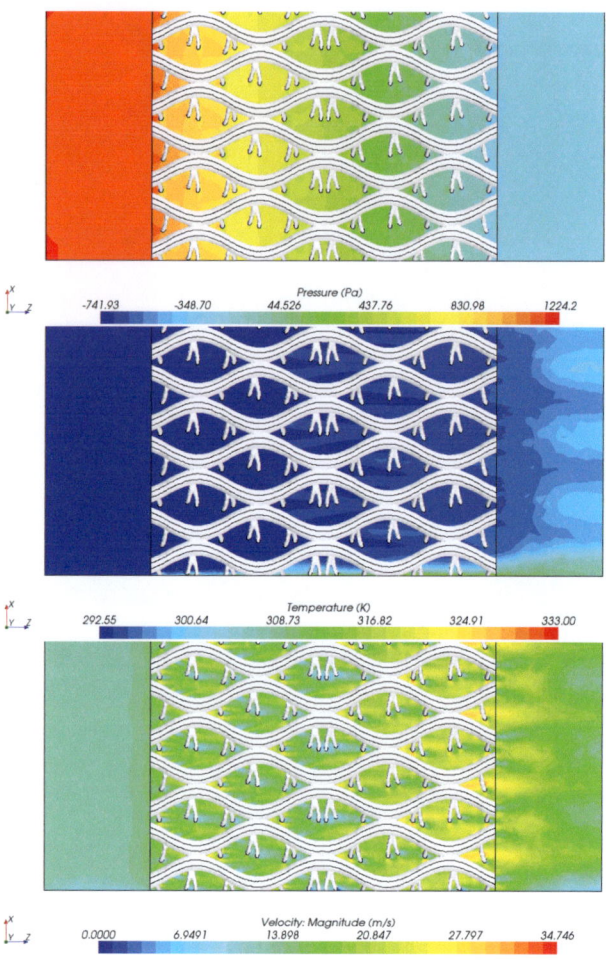

Abb. 5.21.: Luft: Berechnete Erhaltungsgrößen im Schnitt, von oben nach unten: Druck, Temperatur, Geschwindigkeit, turbulente Zuströmung, Probe P2, $Re_{zu} = 19159$

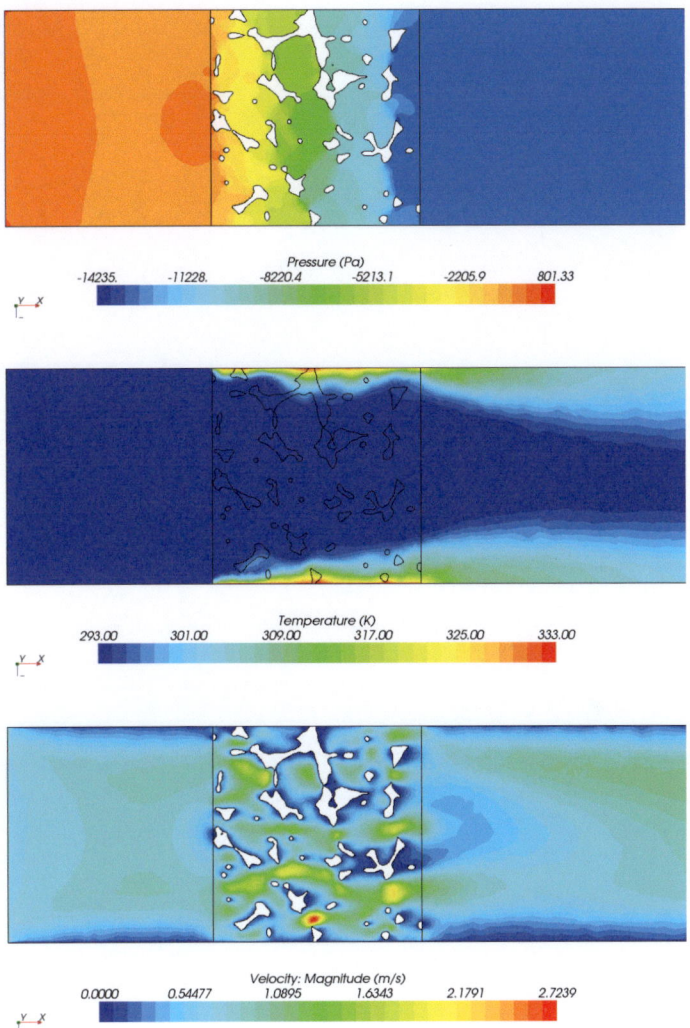

Abb. 5.22.: H_2O: Berechnete Erhaltungsgrößen im Schnitt, von oben nach unten: Druck, Temperatur, Geschwindigkeit, laminare Zuströmung, Probe P3, $Re_{zu} = 100$

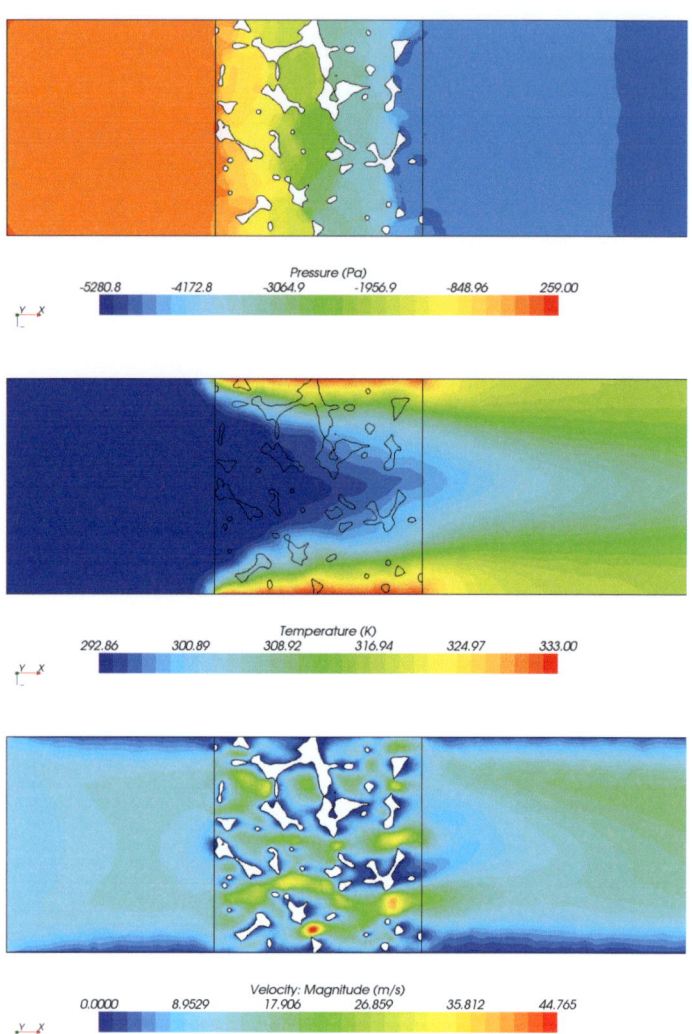

Abb. 5.23.: Luft: Berechnete Erhaltungsgrößen im Schnitt, von oben nach unten, Druck, Temperatur, Geschwindigkeit, laminare Zuströmung, Probe P3, $Re_{zu} = 100$

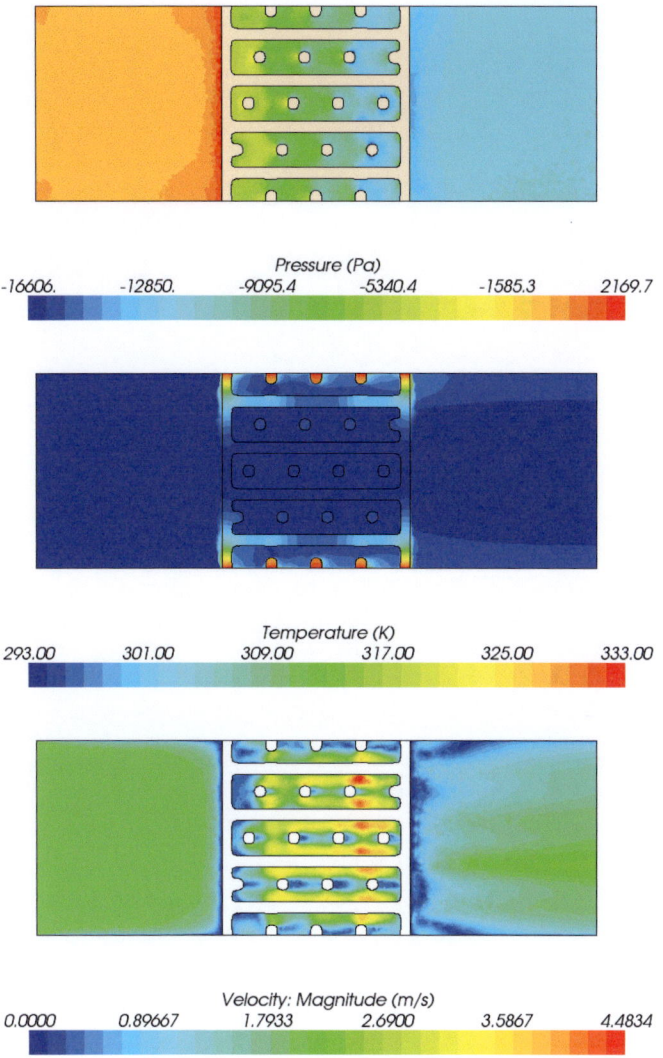

Pressure (Pa)

| -16606. | -12850. | -9095.4 | -5340.4 | -1585.3 | 2169.7 |

Temperature (K)

| 293.00 | 301.00 | 309.00 | 317.00 | 325.00 | 333.00 |

Velocity: Magnitude (m/s)

| 0.0000 | 0.89667 | 1.7933 | 2.6900 | 3.5867 | 4.4834 |

Abb. 5.24.: H_2O: Berechnete Erhaltungsgrößen im Schnitt, von oben nach unten: Druck, Temperatur, Geschwindigkeit, turbulente Zuströmung, Probe P4, $Re_{zu} = 19859$

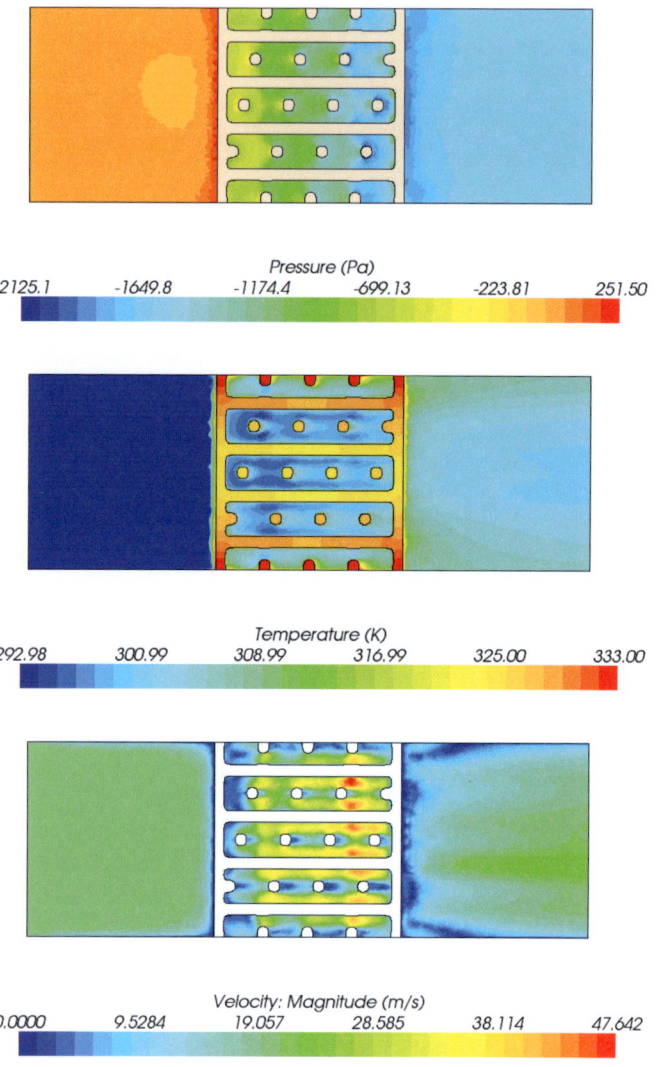

Pressure (Pa)

| -2125.1 | -1649.8 | -1174.4 | -699.13 | -223.81 | 251.50 |

Temperature (K)

| 292.98 | 300.99 | 308.99 | 316.99 | 325.00 | 333.00 |

Velocity: Magnitude (m/s)

| 0.0000 | 9.5284 | 19.057 | 28.585 | 38.114 | 47.642 |

Abb. 5.25.: Luft: Berechnete Erhaltungsgrößen im Schnitt, von oben nach unten: Druck, Temperatur, Geschwindigkeit, turbulente Zuströmung, Probe P4, $Re_{zu} = 13041$

5.2.5. Auswertung globaler Größen im Vergleich

Zum Vergleich der einzelnen Porositäten untereinander sollen globale Größen wie der Druckverlust, der Wärmestrom, der erzielbare Temperaturhub und der effektive Wärmeübergangskoeffizient herangezogen werden. Um einen sinnvollen Vergleich überhaupt zu ermöglichen, soll der Vergleich für eine vergleichbare Reynolds-Zahl (je Porosität und Fluid) am Eintritt erfolgen, da somit zumindest hinsichtlich der Geschwindigkeitsverteilung ähnliche Verhältnisse vorliegen [46]. Die Ergebnisse aus Kapitel 5.1 haben gezeigt, dass die effektive Wärmeleitung einer mit einem Fluid gefüllten Porosität maßgeblich durch die Wärmeleitfähigkeit der Struktur beeinflusst wird. Das umgebende Fluid spielt hierbei eine untergeordnete Rolle. Im Falle der Konvektion findet der Wärmeübertrag hauptsächlich in der thermischen Grenzschicht statt. Bei einer turbulenten Strömungsform ist zudem ein erhöhter Queraustausch zwischen den Fluidschichten vorhanden, so dass Energie besser in den Kernbereich der Strömung getragen werden kann. Bei einer sehr guten Wärmeleitfähigkeit der Struktur einer Porosität kann die Wärme verstärkt über diese "Hilfsleiter" Stege in die Kernströmung gelangen, eine ausreichende Verweilzeit des Fluides vorausgesetzt.

Zur Bewertung der berechneten Porositäten hinsichtlich Ihrer Fähigkeit Wärme verbessert an das Fluid zu transportieren werden wir folgende wichtige globale Größen vergleichend auswerten:

- dp=Druckverlust

- dT=Temperaturhub $(T_a - T_e)$

- $\dot{q}$=übertragene effektive Wärmestromdichte

- α_e=effektiver Wärmeübergangskoeffizient

Weiterhin werden wir eine effektive Biot-Zahl $(Bi = \frac{\alpha_e \cdot L}{\lambda_s})$ aus den numerisch ermittelten effektiven Größen ableiten, um somit beurteilen zu können, wie das Verhältnis von Konvektion zu Wärmeleitung in der Struktur bei der jeweiligen Porosität ist. Die Tabelle 5.5 zeigt die o.g. globalen Größen, die anhand der Mikrostrukturberechnungen ermittelt wurden. Interessant ist hierbei, dass das Shifted Grid (Probe 4) ein besseres Wärmeübergangsverhalten als Metallschaum zeigt. Bei identischer

Reynolds-Zahl kann mit dem Shifted Grid mit allen Fluiden ein höherer Wärmeübergangskoeffizient erzielt werden (siehe Tabelle 5.5). Gleichzeitig ist aber der Druckverlust beim Shifted Grid höher als beim Metallschaum. Beim medizinischen Filter können sehr hohe Wärmeübergangswerte im Vergleich zu den anderen Proben erzielt werden, obschon die Zuström Reynolds-Zahl von $Re_e = 100$ wesentlich kleiner als bei den anderen Porositäten ist. Die hohen Wärmeübergangszahlen führen beim Filter zu einem entsprechend großen Temperaturhub. Betrachten wir die übertragene Wärmestromdichte je Porosität und Fluid, die in Tabelle 5.5 dokumentiert ist, etwas näher. Bei den Flüssigkeiten Wasser und Ethanol liegen die erzielbaren Wärmestromdichten für alle vier Proben in einer ähnlichen Größenordnung, wobei diese beim Abstandsgewirke am Geringsten ausfällt. Bei den modellierten Gasen ist der Unterschied der erzielten Wärmestromdichte zwischen dem Abstandsgewirke und den anderen Porositätsproben noch deutlich geringer.

$$Bi_e = \frac{\alpha_e \cdot d_h}{2 \cdot \lambda_e} \tag{5.1}$$

Kommen wir auf die Biot-Zahl zurück. Führen wir anstelle der Wärmeleitfähigkeit λ_s für die Strukturanteil der Porosität die effektive Wärmeleitfähigkeit λ_e für die Struktur-Fluid-Kombination (siehe Gl. 3.46) der Porosität ein. Verwenden wir zudem als charakteristische Länge die Hälfte des hydrodynamischen Durchmessers der Porosität ($L = d_h/2$). Die modifizierte Biot-Zahl ist in Gl. 5.1 dargestellt. Wenden wir diese nun auf die einzelnen Porositäten mit zugehörigem Fluid an, so lassen sich daraus effektive Biot-Zahlen ableiten. Diese sind in Tabelle 5.6 dargelegt.

Eine große Biot-Zahl besagt, dass Temperaturunterschiede innerhalb des festen Körpers größer sind als in der Grenzschicht des Fluids, so dass eine Verbesserung des äußeren Wärmeübergangs durch eine höhere Wärmeübergangszahl den zeitlichen Wärmeeintrag nicht wesentlich beschleunigt. Eine ähnlich große Biot-Zahl für verschiedene Systeme bedeutet gemäß der Ähnlichkeitstheorie, dass die Temperaturfelder zweier geometrisch ähnlicher Aufbauten ähnlich sind, unabhängig vom Maßstab. Auf die Durchströmung der Porosität angewandt bedeutet dies, dass gemäß Tabelle 5.6 nur eine Ähnlichkeit der Temperaturfelder zwischen dem Metallschaum und dem Shifted Grid näherungsweise vorhanden ist, zumal bei diesen beiden Porositäten auch die Reynolds-Zahl identisch ist. Das textile Abstandsgewirke fällt aus der Reihe. Dies hat mit einen entscheidenden Grund in der schlechten Wärmeleitfähigkeit der textilen Struktur. Der Filter ist aufgrund der reinen laminaren Betriebsweise nicht vergleichbar. Nehmen wir an, dass die Struktur des Textils aus Aluminium gefertigt wäre und die effektive Wärmeleitfähigkeit der Porosität in der Größenordnung des Shifted Grid liegt. Diese Annahme führt uns zu folgender Biot-Zahl z.B. für das Fluid Wasser: $Bi_e = 6.7$. Damit ist das Textil was die Ähnlichkeit der Temperaturfelder angeht ebenfalls mit den anderen beiden Porositäten wie Metallschaum und Shifted Grid vergleichbar.

Zur Verdeutlichung des Einflußes der Temperatur auf die Stoffdaten sind in der Anlage ergänzend Konturdarstellungen am Beispiel des Metallschaums für die wesentlichen Stoffdaten wie Dichte, dynamische Viskosität und die Wärmeleitfähigkeit dargelegt. Die Abbildungen in der Anlage A.1 und A.2 zeigen die Veränderung der jeweiligen Stoffeigenschaft in Abhängigkeit der Temperaturzunahme des Fluides. Die Dichte bleibt im Falle der laminaren Strömung im Bereich der Kernströmung nahezu unverändert. Bei turbulenter Zuströmung ist eine Dichteänderung nur im wandnahen Bereich zu beobachten. Dies kann bei der Viskosität und auch der Wärmeleitfähigkeit analog beobachtet werden. Durch die lokale Reduktion der dynamischen Viskosität wird die Reibung reduziert, die Zunahme der Wärmeleitfähigkeit erhöht indessen den Wärmeübergang. Im Vergleich zu Literaturwerten findet sich z.B. in der Arbeit von Haak et. al. [79] eine experimentelle Untersuchung zu mit Luft durchströmten Metallschäumen. Für einen Metallschaum mit 10 ppi und einer relativen Dichte von $\varrho_{rel} = 5\ \%$ wird eine vermessene Kennlinie für den Druckverlust angegeben. Bei einer Zuströmgeschwindigkeit von $u_e = 8\ m/s$ läßt sich ein Druckverlust von $\Delta p/L_p = 12\text{-}14\ kPa/m$ ablesen. Bei gleicher Zuströmgeschwindigkeit und einer relativen Dichte unseres virtuellen Metallschaummodells von $\varrho_{rel} = 6.4\ \%$ liefert uns die Mikrostruktursimulation einen Wert für den Druckverlust (Luft=) von $\Delta p/L = 11.9\ kPa/m$. Im Falle der gemessenen effektiven Nusselt-Zahl bei einer Reynolds-Zahl $Re_K = 120$ wird ein Wert von $Nu_e = 120$ angegeben. Die Mikrostrukturanalysen liefert bei gleicher Reynolds-Zahl eine Nusselt-Zahl von $Nu_e = 150$. Die Größenordnung der beiden relevanten Größen Δp und Nu_e ist damit ähnlich, aber im Rahmen der Ableseungenauigkeit noch akzeptabel.

Im nächsten Kapitel widmen wir uns der Ableitung von Ersatzparametern.

Probe	Re_e	dp	dT	$\dot{q}$	α_e	Re_e	dp	dT	$\dot{q}$	α_e
	-	[Pa]	[K]	$[kW/m^2]$	$[W/m^2/K]$	-	[Pa]	[K]	$[kW/m^2]$	$[W/m^2/K]$
			Wasser					Ethanol		
1 MS	9930	1195	1.026	533.2	22095	9876	2224	0.57	209.5	7689
2 Textil	9117	1993	2.60	159.8	10897	9674	4083	1.04	48.6	3404
3 Filter	100	12256	6.26	1046.4	137406	100	22872	3.65	439.7	52694
4 SG	9930	3151	1.52	509.2	27727	9876	5624	0.9	214.5	9070

Probe	Re_e	dp	dT	$\dot{q}$	α_e	Re_e	dp	dT	$\dot{q}$	α_e
	-	[Pa]	[K]	$[kW/m^2]$	$[W/m^2/K]$	-	[Pa]	[K]	$[kW/m^2]$	$[W/m^2/K]$
			Luft					Methan		
1 MS	10433	388	5.90	14.3	461.8	9072	197	6.14	17.1	563.3
2 Textil	9580	6365	7.64	2.2	139.9	8885	358	6.69	2.3	148.4
3 Filter	100	4738	21.24	15.7	3175.2	100	1935	22.81	16.9	3717
4 SG	10433	1029	11.19	17.5	606.2	9072	509	11.59	20.8	745.3

Tab. 5.5.: Berechnete globale Größen für die Porositätsproben und das jeweilige Fluid

Probe		Wasser				Ethanol		
	Re_e	T_f	λ_e	Bi_e	Re_e	T_f	λ_e	Bi_e
	-	[K]	$[W/m/K]$	-	-	[K]	$[W/m/K]$	-
1 MS	9930	293.5	7.35	15	9876	293.28	6.9	5.6
2 Textil	9117	294.3	0.48	208	9674	293.52	0.18	173.6
3 Filter	100	296.13	0.51	10.2	100	294.82	0.17	23.2
4 SG	9930	293.76	14.9	9.3	9876	293.45	14.44	3.14

Probe		Luft				Methan		
	Re_e	T_f	λ_e	Bi_e	Re_e	T_f	λ_e	Bi_e
	-	[K]	$[W/m/K]$	-	-	[K]	$[W/m/K]$	-
1 MS	10433	295.95	6.76	0.34	9072	296.07	6.77	0.41
2 Textil	9580	296.82	0.04	32.1	8885	296.34	0.052	26.2
3 Filter	100	303.62	0.038	6.27	75	304.41	0.047	5.9
4 SG	10433	298.59	14.3	0.21	9072	298.79	14.3	0.26

Tab. 5.6.: Berechnete effektive Biot-Zahlen, mittlere Fluidtemperatur und effektive Wärmeleitfähigkeit für die Porositätsproben und das jeweilige Fluid

5.3. Ableitung von Ersatzparametern für den Makroporositätsansatz

Der folgende Abschnitt 5.3.1 widmet sich der Auswertung globaler Größen wie übertragbarer Wärmestrom, effektiver Wärmeübergangskoeffizient und dem Druckverlust. Im nächsten Abschnitt werden die Ersatzparameter zur Berechnung des Druckverlustes aus den numerischen Berechnungen abgeleitet. Schließlich wird der numerisch ermittelte Druckverlust dann gezielt mit dem anhand der Ersatzparameter approximierten Druckverlust verglichen. Analog hierzu wird in dem Abschnitt 5.3.2 aus der Energiebilanz ein effektiver Wärmeübergangskoeffizient für die jeweilige Porosität abgeleitet und ebenfalls durch einen analytischen Ansatz approximiert. Zur Validierung der ermittelten Ersatzparameter wird ein dreidimensionales Makroporositätsmodell in Kapitel 6 vorgestellt. Auf Basis dieser numerischen Ersatzmodelle werden dann mit den approximierten Ersatzparametern Berechnungen durchgeführt und mit den Ergebnissen aus den Mikrostrukturmodellen verglichen.

5.3.1. Druckverlust

Zur Bestimmung des Druckverlustes wurde die Druckdifferenz an der Eintritts- und Austrittsfläche (gemittelt) gebildet und der Druckverlust für Zu- und Ablaufrohr bei der mittleren Temperatur T_f abgezogen, um somit nur den Druckverlust, der durch die Porosität verursacht wird, zu erhalten. Durch die Wärmezufuhr in Form der Temperaturrandbedingung $T_w = 333\ K$ an der Mantelfläche der Porosität wird dem Fluid Wärme zugeführt, wodurch die Stoffeigenschaften wie Dichte, Viskosität und Wärmeleitfähigkeit lokal verändert werden. Dadurch stellt sich im Bereich der Porosität die mittlere Fluidtemperatur T_f ein. Durch die systematische Erhöhung der Reynolds-Zahl (Ähnlichkeitsbetrachtung für die verschiedenen Fluide) kann somit eine Kennlinie für die Durchströmung der einzelnen Proben gebildet werden, wobei sich dadurch die mittlere Fluidtemperatur T_f aufgrund einer geringeren Verweilzeit des Fluides verringert. Daher besteht eine Abhängigkeit des Druckverlustes von der Temperatur. Parallel zu der Auswertung der auf numerischem Wege erzielten Ergebnisse auf

Basis der Mikrostrukturmodelle wird zu Vergleichszwecken für jede berechnete Geometrie auf analytischem Wege der Druckverlust ebenfalls für ein Leerrohr (ohne Porosität) dargelegt. Die Berechnung des Druckverlustes für das Leerrohr (ohne Porosität) erfolgte anhand der Blasius-Gleichung (siehe Gl. 3.28) für eine turbulente Zuströmung und bei einer laminaren Zuströmung wurde Gl. 3.27 herangezogen.

In Tabelle A.6 sind die erzielten Druckverlustergebnisse aus den Mikrostrukturanalysen für den Metallschaum tabellarisch in Abhängigkeit der Reynoldszahl für die eingesetzten Fluide Wasser, Ethanol, Luft und Methan aufgelistet. Analog hierzu sind die erzielten Ergebnisse für die anderen Porositätsproben in den Tabellen A.7 (Textil), A.8 (Filter) und A.9 (Shifted Grid) dargelegt.

Wie grundsätzlich zu erwarten ist, nimmt der Druckverlust bei allen Proben mit zunehmender Geschwindigkeit bzw. Zustrom-Reynolds-Zahl zu. Obwohl die CFD-Berechnungen mit temperaturabhängigen Stoffdaten für das Fluid erfolgten, ist der Temperatureinfluß auf den Druckverlust nicht direkt aus den Ergebnissen abzuleiten. Hierzu bedarf es weiterer Untersuchungen, die in Abschnitt 5.3.1 vorgestellt werden.

Die Durchströmung der Filterprobe erfolgte aufgrund der sehr kleinen Größenskala nur laminar. Somit können die erzielten Ergebnisse für den Filter mit den anderen Porositäten nicht gut verglichen werden, obschon die Porosität Φ in einer ähnlichen Größenordnung wie für die anderen betrachteten Porositäten liegt. Tabelle A.8 zeigt die numerischen Druckverlustwerte für den medizinischen Filter. Bereits bei einer Reynolds-Zahl von $Re_e = 100$ steigt der Druckverlust selbst für Luft bis zu einem Wert von $\Delta p = 47.38\ mbar$. Bei Wasser erreicht dieser fast den dreifachen Wert.

Approximation des Druckverlustes

Unter der Annahme, dass der Druckverlust nur in Strömungsrichtung abfällt, kann nach Gleichung 3.36 der numerisch berechnete Druckverlust anhand der Mikrostrukturmodelle in Rohrrichtung approximiert werden. Wird Gleichung 3.36 auf eine Koordinatenrichtung angewandt, so ergibt sich eine vereinfachte Beziehung zwischen dem Druckverlust dp und der mittleren Zuströmgeschwindigkeit u wie folgt:

$$\Delta p = l_p \cdot (-a_k \cdot u - b_k \cdot u^2) \qquad (5.2)$$

Durch eine geeignete Approximation mit der Gnuplot-Fitting-Option, können die Parameter a_k und b_k bestimmt werden (siehe Tabellen 5.7, 5.8). Hieraus wiederum kann die Permeabilität K und der Trägheitskoeffizient c_f bestimmt werden. Die Permeabilität bestimmt sich wie folgt:

$$K = \frac{\mu}{a_k} \qquad (5.3)$$

Analog hierzu kann durch Umstellung des zweiten Terms der Gleichung 3.32 der Trägheitskoeffizient c_f bestimmt werden (siehe Gl. 5.4). Durch das Einsetzen von Gl. 5.3 in Gl. 5.4 können somit die beiden unbekannten Größen K und c_f berechnet werden. Allerdings sei an dieser Stelle darauf verwiesen, dass die beiden Parameter a_k und b_k unabhängig von der Reynolds-Zahl und somit konstante Größen sind, während die resultierenden Parameter K und c_f aufgrund der Temperaturabhängigkeit von μ und ϱ temperaturabhängig sein müssen.

$$c_f = \frac{\sqrt{K} \cdot b_k}{\varrho} \qquad (5.4)$$

Variante	H_2O		Ethanol	
	a_k	b_k	a_k	b_k
P1	37412	79042.5	44885.8	66518.7
P2	9367.95	114511.0	10916.2	92740.1
P3	7.68093E7	6.71E7	1.00251E8	4.98979E7
P4	59326.5	252530.0	74626.1	196356.0

Tab. 5.7.: Berechnete Parameter a_k und b_k für den Darcy-Forchheimer-Ansatz (Wasser, Ethanol)

Variante	Luft		Methan	
	a_k	b_k	a_k	b_k
P1	539.93	116.42	343.431	64.778
P2	94.207	153.067	87.485	82.271
P3	2.41128E6	65886.2	1.32482E6	28156.7
P4	856.431	347.322	561.644	186.706

Tab. 5.8.: Berechnete Parameter a_k und b_k für den Darcy-Forchheimer-Ansatz (Luft, Methan)

Wenden wir die Gleichungen 5.3 und 5.4 zur Bestimmungen der noch unbekannten Größen K und c_f an, so lassen sich diese unter der Berücksichtigung der temperaturabhängigen Viskosität (je höher die Reynolds-Zahl desto kleiner die mittlere Temperatur T_f des Fluides in der Porosität) bestimmen. Tabelle 5.9 zeigt exemplarisch auf Basis der Metallschaumprobe für verschiedene Reynolds-Zahlen die ermittelten Unbekannten K und c_f für Wasser und Luft. Die Permeabilität K nimmt bei Wasser mit zunehmender Reynolds-Zahl zu und im Falle von Luft ab. Bei dem Trägkeitskoeffizienten c_f ist dieser Trend ebenfalls beobachtbar. Da die Dichte mit abnehmender Temperatur zunimmt, ist dieser Effekt der Viskosität zuzuschreiben, da diese wie schon erwähnt bei Gasen mit zunehmender Temperatur zunimmt und bei Flüssigkeiten abnimmt.

In den Grafiken 5.26 bis 5.29 sind die erzielten numerischen Ergebnisse für den Druckverlust für die einzelnen Proben und die analytisch bestimmten Druckverluste für das jeweilige Leerrohr (bzw. -kanal) dargestellt. Für die Metallschaumprobe ist der berechnete Druckverlust bei einer Reynolds-Zahl von z.B. $Re = 10000$ für Wasser (Abb. 5.26) deutlich höher als für Luft (Faktor ca. 3.15). Der Forchheimeransatz zur Approximation des Druckverlustes für die Metallschaumprobe ist in dem dargestellten Reynolds-Zahl Bereich völlig ausreichend und liefert eine sehr gute Annährung an die numerisch ermittelten Werte. Dies gilt auch für die anderen Porositäten. Die Abbildung 5.27 zeigt die Druckverlustkennlinen für das Abstandsgewirke. Auch hier ist die Übereinstimmung des analytischen Ansatzes mit den numerischen Ergebnisse sehr zufriedenstellend. Im Falle des medizinischen Filters wie auch des Shifted Grid kann ebenfalls eine sehr gute Übereinstimmung zwischen der analytischen Approximation und den numerischen Ergebnissen aus den Mikrostrukturanalysen anhand der Lösung der Navier-Stokes-Gleichungen beobachtet werden (Siehe Abbildung 5.28). An dieser Strelle sei nochmals darauf hingewiesen, dass die Berechnungen mit temperaturabhängigen Stoffdaten durchgeführt und ebenso bei der Approximation des Druckverlustes anhand der Forchheimer-Gleichung berücksichtigt wurden. Im nächsten Abschnitt werden wir den Einfluß der temperaturabhängigen Stoffdaten näher untersuchen.

Reynolds-Zahl Wasser	Permeabilität K 10^{-7}	Trägheitskoeffizient c_f 10^{-1}
496	0.25535	0.12660
993	0.25947	0.12759
1986	0.26213	0.12823
2979	0.26319	0.12848
3972	0.26386	0.12864
4965	0.26431	0.12875
9930	0.26546	0.12903
14895	0.26608	0.12917
19859	0.26649	0.12927
Reynolds-Zahl Luft	Permeabilität K 10^{-7}	Trägheitskoeffizient c_f 10^{-1}
489	0.34639	0.18823
978	0.34435	0.18626
1467	0.34334	0.18531
1956	0.34271	0.18471
2445	0.34239	0.18441
2608	0.34227	0.18429
5216	0.34115	0.18324
7825	0.34063	0.18276
10433	0.34030	0.18245
13041	0.34007	0.18224

Tab. 5.9.: Berechnete Parameter K und c_f am Beispiel der Metallschaumprobe (Wasser und Luft)

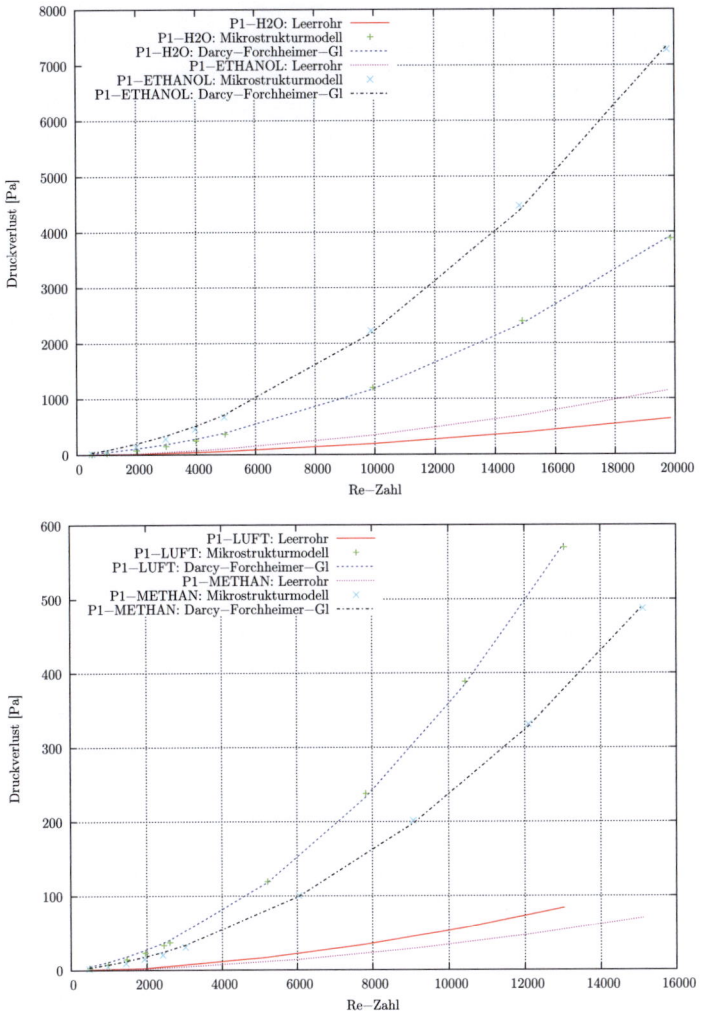

Abb. 5.26.: Berechneter Druckverlust für die Metallschaumprobe P1 (Wasser, Ethanol, Luft, Methan)

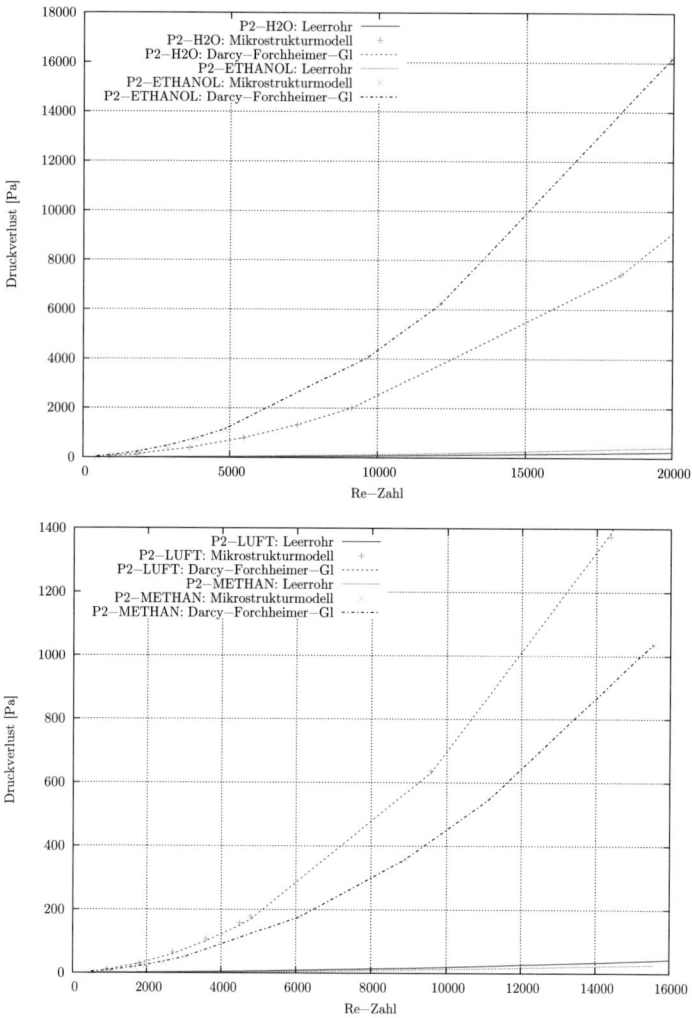

Abb. 5.27.: Berechneter Druckverlust für das Abstandsgewirke P2 (Wasser, Ethanol, Luft, Methan)

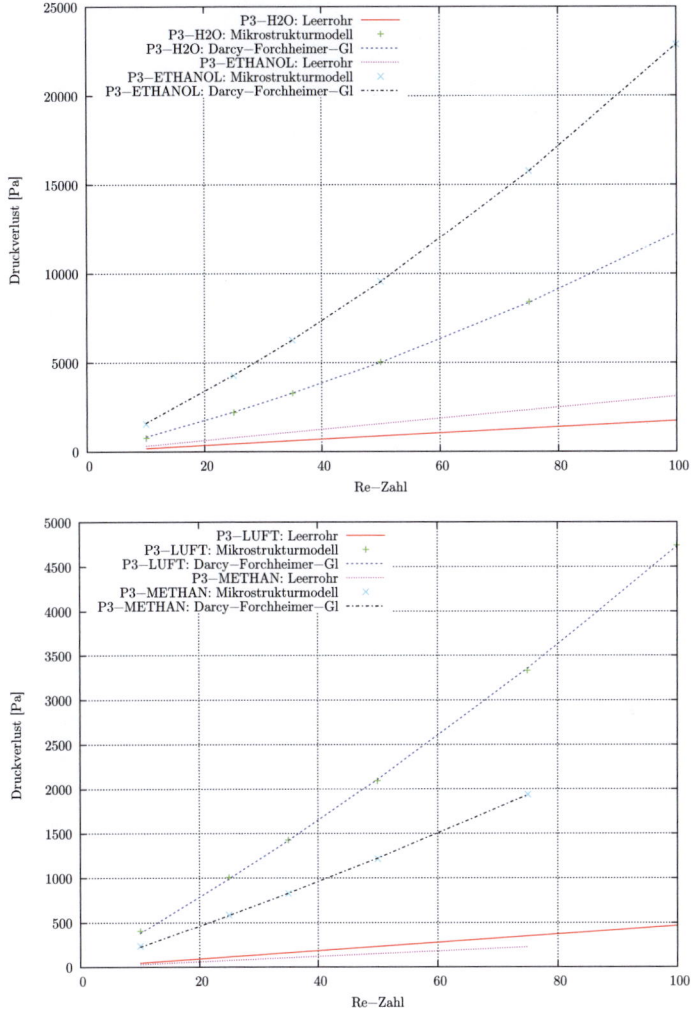

Abb. 5.28.: Berechneter Druckverlust für die Filterprobe P3 (Wasser, Ethanol, Luft, Methan)

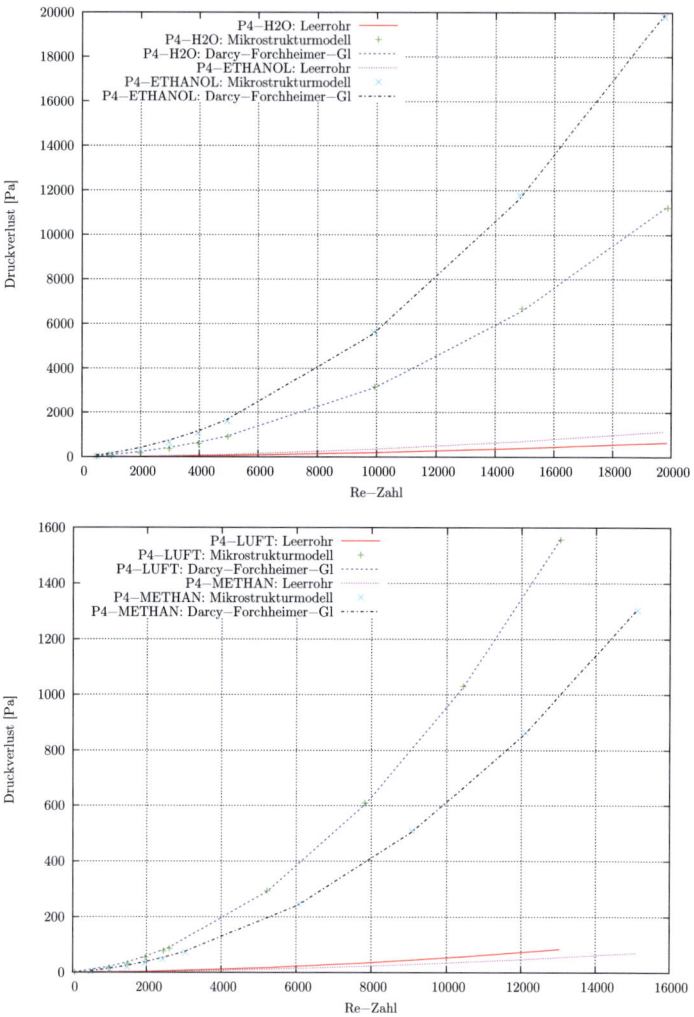

Abb. 5.29.: Berechneter Druckverlust für den Shifted Grid P4 (Wasser und Ethanol)

Bewertung des Einflusses der Temperatur auf den Druckverlust

Approximation der Permeabilität Die Viskosität μ kann als Polynom dritter Ordnung als Funktion der Temperatur in dem betrachteten Temperaturbereich angenähert werden. Erweitern wir nun Gleichung 5.3 um das Polynom zur Bestimmung der temperaturabhängigen Viskosität, so kann die Permeabilität K gemäß Gleichung 5.5 dargestellt werden.

$$K(T_f) = \frac{a_0 + a_1 \cdot T_f + a_2 \cdot T_f^2 + a_3 \cdot T_f^3}{a_k} \tag{5.5}$$

Unter der Annahme, dass die mittlere Fluidtemperatur in der Porosität vereinfacht mit $T_f = (T_e + T_a)/2$ und $T_a = T_e + \Delta T$ ausgedrückt werden kann, so lässt sich Gleichung 5.5 weiter wie folgt umformulieren.

$$
\begin{aligned}
K(T_e + \frac{\Delta T}{2}) \cdot a_k \;=\;& a_0 + a_1 \cdot (T_e + \frac{\Delta T}{2}) + a_2 \cdot (T_e + \frac{\Delta T}{2})^2 \\
+\;& a_3 \cdot (T_e + \frac{\Delta T}{2})^3 \\
=\;& \underbrace{a_0 + a_1 T_e + a_2 T_e^2 + a_3 T_e^3}_{C_1} \\
+\;& \Delta T\, \underbrace{(\frac{a_1}{2} + a_2 T_e + \frac{3a_3}{2} T_e^2)}_{C_2} \\
+\;& \Delta T^2\, \underbrace{(\frac{a_2}{4} + \frac{3a_3}{4} T_e)}_{C_3} \\
+\;& \Delta T^3\, \underbrace{\frac{a_3}{8}}_{C_4}
\end{aligned}
\tag{5.6}
$$

Werden die von ΔT unabhängigen Terme als Konstanten C_1, C_2, C_3, C_4 zusammengefasst so ergibt sich ein funktionaler Zusammenhang (Polynom dritter Ordnung) zwischen der Permeabilität und der durch den konvektiven Eintrag resultierenden Temperaturdifferenz zwischen Eintritt und Austritt aus dem System. Gl. 5.7 zeigt die nun vereinfachte Beziehung zwischen der Permeabilität K und der Temperaturdifferenz ΔT.

$$K(T_e + \frac{\Delta T}{2}) = \frac{C_1 + C_2\Delta T + C_3\Delta T^2 + C_4\Delta T^3}{a_k} \tag{5.7}$$

Im Falle, dass keine Wärmezufuhr (Wände sind adiabat, $\Delta T = 0\ K$) erfolgt, reduziert sich Gl. 5.7 auf

$$K(T_e) = \frac{C_1}{a_k} \quad \text{mit} \quad \{\ C_1 = \mu(T_e)\ \} \tag{5.8}$$

wobei in diesem Fall die Permeabilität K keine Temperaturabhängigkeit aufweist. Im Falle, dass dem Fluid Wärme zugeführt wird, stellt sich zwischen dem Einlaß des Systems und dem Auslaß eine Temperaturdifferenz $\Delta T > 0$ ein.

Mit zunehmender Zuström Reynolds-Zahl Re_e sinkt die Temperaturdifferenz ΔT. Für $\Delta T < 1$ nimmt der Einfluß der nicht-linearen Terme der Gl. 5.7 ab, für $\Delta T << 1$ kann dieser vernachlässigt werden.

Approximation des Trägheitskoeffizienten Um den Einfluß der Temperatur auf den Trägheitskoeffizienten c_f näher zu beleuchten, modifizieren wir die Gleichung 5.4, indem wir die Dichte des Fluides ähnlich wie bei der Permeabilität die Viskosität als Funktion der Temperatur darstellen. Die Koeffizienten für das Polynom zur Berechnung der Dichte von Flüssigkeiten sind in Abschnitt 4.3.4 mit Gl. 4.2 dargelegt. Die Funktionsparameter $b_0, b_1 \ldots$ für die Approximation der Dichte sind in Tabelle 4.6 gelistet. Im Falle von Gasen kann die Dichte anhand der idealen Gasgleichung (Gl. 4.3) berechnet werden.

$$c_f^2(T_f) = \frac{K(T_f) \cdot b_k^2}{(b_o + b_1 \cdot T_f + b_2 \cdot T_f^2 + b_3 \cdot T_f^3)^2} \tag{5.9}$$

Gleichung 5.9 zeigt die Approximation des Trägkeitskoeffizienten c_f als Funktion der mittleren Fluidtemperatur T_f. Führen wir wiederum die

Temperaturdifferenz durch $T_f = T_e + \Delta T/2$ ein, so kann der Trägkeitskoeffizient analog zur Darstellung der Permeabilität als Funktion von ΔT ausgedrückt werden.

$$c_f^2(T_e + \frac{\Delta T}{2}) = \frac{K(T_e + \frac{\Delta T}{2}) \cdot b_k^2}{(B_1 + B_2 \Delta T + B_3 \Delta T^2 + B_4 \Delta T^3)^2} \tag{5.10}$$

Bei adiabater Betriebsführung wird keine Wärme zugeführt. Damit erfolgt auch keine Temperaturerhöhung des Fluides. In diesem Fall vereinfacht sich Gl. 5.10 zu:

$$c_f(T_e) = \frac{\sqrt{\mu(Te)/ak} \cdot b_k}{B_1} \quad \text{mit} \quad \{ \ B_1 = \ \varrho(T_e) \ \} \tag{5.11}$$

Im Falle von Gasen muss anstatt des Polynoms zur Annäherung der Dichte als Funktion der Temperatur die ideale Gasgleichung 4.3 herangezogen werden. Damit erhalten wir für den Trägkeitskoeffizienten c_f für Gase folgende Funktion:

$$c_f^2(T_f, p) = \frac{K(T_e + \frac{\Delta T}{2}) \cdot b_k^2 \cdot (R_i \cdot (T_e + \frac{\Delta T}{2}))^2}{p^2} \tag{5.12}$$

Dadurch, dass die Durchströmung einer Porosität auch mit einer Zunahme des statischen Druckes am Eintritt in die Porosität einhergeht, wird gemäß der idealen Gasgleichung lokal die Dichte zunehmen. Der Druckabbau in der Porosität indiziert somit auch eine Dichteabnahme entlang der Porosität, wodurch der globale Trägheitskoeffizient beeinflusst wird. Im Grunde ist somit der Trägheitskoeffizient nicht nur temperatur-, sondern auch druckabhängig. Die Druckabhängigkeit der Dichte wird im Falle des Filters aufgrund des hohen Widerstands der Porosität eher eine Rolle spielen, als bei den anderen Porositätsproben. Wie schon zuvor diskutiert reduziert sich Gl. 5.12 durch die Annahme einer adiabaten Strömung zu:

$$c_f(T_f, p) = \frac{\sqrt{\mu(T_e)/a_k} \cdot b_k \cdot R_i \cdot T_e}{p} \tag{5.13}$$

Für die Metallschaumprobe sind beispielhaft die Permeabilität und der Trägheitskoeffizient in Tabelle 5.9 dargestellt. In dem modellierten Temperaturbereich spielt der Einfluß der Temperatur auf den Druckverlust eine untergeordnete Rolle. Anhand einer zusätzlichen Berechnungssequenz kann dies nachgewiesen werden. Zusätzlich zu den vorgestellten Kennlinien (Variation der Reynolds-Zahl) wurde bei festgehaltener Reynolds-Zahl ($Re_e \simeq 10000$) die Wandtemperatur variiert, um somit den Einfluß der Temperatur auf den Druckverlust quantifizieren zu können. Abbildung 5.30 zeigt die erzielten Resultate der Berechnungen mit dem Mikrostrukturmodell von Metallschaum. Während der berechnete Druckverlust mit dem Fluid Wasser mit zunehmender Wandtemperatur um ca. 2 % fällt nimmt dieser im Falle des Fluids Luft um ca. 6 % zu. Bei Luft ist damit ein größerer Temperatureinfluß auf den Druckverlust zu beobachten, als bei dem Medium Wasser. Insgesamt jedoch ist der Temperatureinfluß im Rahmen der sonstigen Modellfehler in dem bisher betrachteten Temperaturintervall von 298 K bis 333 K eher als gering zu bewerten.

Einfluß der Strömungsform auf den Druckverlust

Wird z.B. der berechnete Druckverlust für die Porosität (dp_P) durch den berechneten Druckverlust für das Leerrohr (dp_R) dividiert mit $L_R = L_v + L_P + L_n$, so kann ein Faktor für die Druckverlusterhöhung durch eine Porosität gegenüber des Druckverlustes eines Leerrohres ermittelt werden. Die Berechnung des Druckverlustes für das Leerrohr erfolgt dabei mit den mittleren Stoffdaten bei der Fluidtemperatur T_f, die aus der Berechnung mit Porosität erfolgte. In Abbildung 5.31 ist das Verhältnis dieser beider Druckverlustwerte grafisch dargestellt. Auffallend an den Kurvenverläufen der Abb. 5.31 ist, dass zwischen dem Verlauf der einzelnen Fluide kaum ein Unterschied besteht, obschon es sich bei den Fluiden um völlig unterschiedliche Flüssigkeiten bzw. Gase handelt. Zur weiteren Analyse soll nun dieses Druckverlustverhältnis näher untersucht werden.

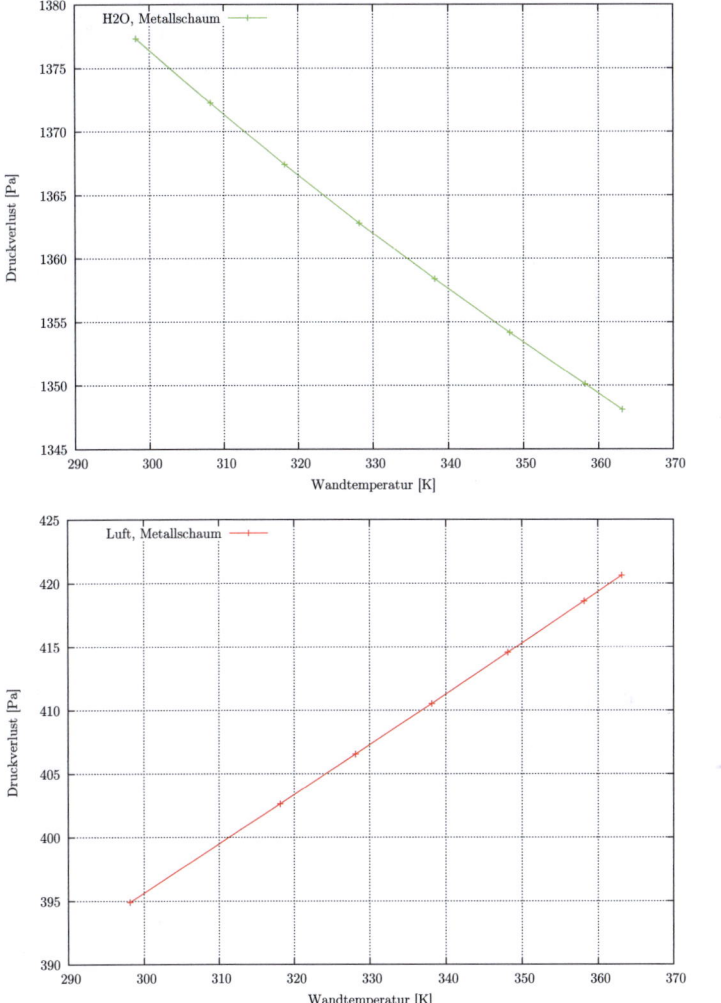

Abb. 5.30.: Berechneter Druckverlust für die Metallschaumprobe P1 in Abhängigkeit der Wandtemperatur für Wasser und Luft ($Re_e \simeq 10000$))

Laminare Strömung Im Falle der laminaren Zuströmung kann unter Verwendung der Druckverlustformel für Rohre (Kanäle) mit $L_P = f_P \cdot D_h$ und $L_R = f_R \cdot D_h$ sowie unter der Verwendung der Gleichungen 5.2 und 3.27 folgende Beziehung abgeleitet werden:

$$\frac{dp_P}{dp_R} = \frac{f_P}{f_R} \frac{D_h^2}{32 \cdot \mu} \cdot (a_k + b_k \cdot u) \qquad (5.14)$$

Die Faktoren $f_P = L_P/D_h$ und $f_R = L_R/D_h$ stellen dabei dimensionslose Längenverhältnisse dar. Gleichung 5.14 ist eine lineare Beziehung zwischen dem Druckverlustverhältnis und der Geschwindigkeit. Durch die Temperaturabhängigkeit der Viskosität wird die Steigung der Geraden durch eine Temperaturerhöhung bei Flüssigkeiten vergrößert und bei Gasen verkleinert. In kleinen Temperaturbereichen, wie wir in Abschnitt 5.3.1 bereits festgestellt haben, ist dieser Einfluß geringfügig. Gleichung 5.14 ist gültig für $Re_e \leq 2300$.

Turbulente Strömung Bilden wir wiederum das Verhältnis von Druckverlust über die Porosität durch den Druckverlust des Leerrohres bei einer turbulenten Zuströmung (siehe Gleichung 3.28) bei der mittleren Temperatur $T = T_f$, so läßt sich ein nicht-linearer Zusammenhang zwischen dem Druckverlustverhältnis und der Zuströmgeschwindigkeit nachweisen.

$$\frac{dp_p}{dp_L} = \frac{f_P}{f_R} \frac{1}{0.158} \cdot \frac{D_h^{0.25}}{\mu^{0.25} \varrho^{0.9}} \cdot \left(\frac{a_k}{u^{0.9}} + b_k \cdot u^{0.25} \right) \qquad (5.15)$$

Im Bereich der laminaren Strömung ($Re_e \leq 2300$) ist ein sehr steiler Anstieg im Druckverlustverhältnis zu verzeichnen, während sich im turbulenten Bereich ($Re_e > 2300$) ein erheblich abgeflachter Verlauf zeigt (siehe 5.31). Ähnliche Tendenzen lassen sich auch für die anderen Proben beobachten (siehe nachfolgende Abschnitte). Die Vermutung liegt nahe, dass dieses beobachtete Phänomen mit der Erzeugung von Turbulenz zu tun hat. Darauf kommen wir später zurück.

Analog zu der Metallschaumprobe wurde ebenfalls das Verhältnis des Druckverlusts mit und ohne Porosität (Textil) ermittelt und grafisch

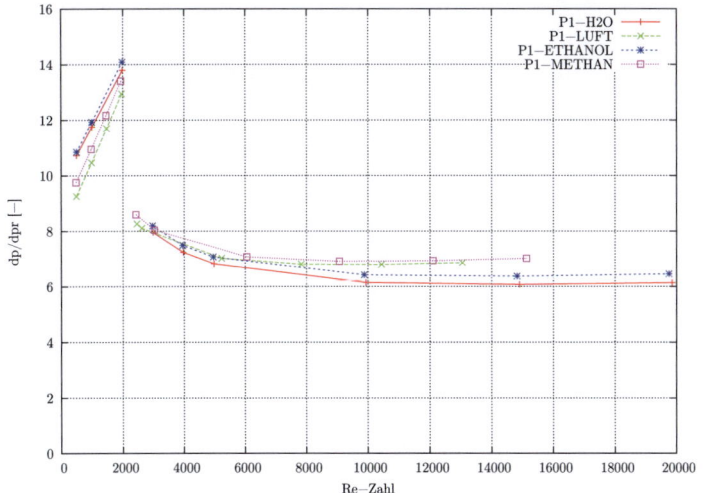

Abb. 5.31.: Druckverlustverhältnis dp_P zu dp_L für die Metallschaumprobe P1 (Wasser, Luft, Ethanol, Methan)

aufgetragen. Abb. 5.32 zeigt einen sehr ähnlichen Verlauf des Druckverlustverhältnisses mit steilem Anstieg im laminaren Bereich. Im turbulenten Bereich allerdings erfolgt nach steilem Abfall, wie schon zuvor bei der Metallschaumprobe beobachtet, ein erneuter Anstieg im Kurvenverlauf, während bei der Metallschaumprobe eine Abnahme im Verlauf (siehe Abb. 5.31) zu verzeichnen ist. Zudem zeigen sich in der Steigung zwischen den berechneten Druckverhälnissen von Luft und Fluid im turbulenten Bereich größere Unterschiede. Das Druckabfallverhalten der Textilprobe gegenüber der Metallschaumprobe ist somit qualitativ unterschiedlich.

Das Druckverhältnis für die Filterprobe bezieht sich bei der Filterprobe nur auf den laminaren Bereich. Abb. 5.33 zeigt eine Paarung der Kurvenverläufe der Gase und der Flüssigkeiten, wobei die Steigung bei den Flüssigkeiten nahezu identisch ist, gibt es bei den Gasen Unterschiede. Durch den hohen Widerstand und den kleinen geometrischen Dimensionen von μm kommen bei Gasen Kompressibilitätsphänomene hinzu. Demnach

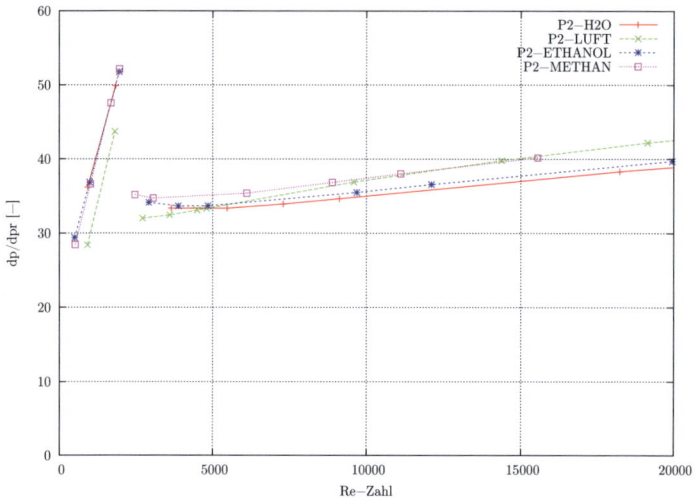

Abb. 5.32.: Druckverlustverhältnis dp_P zu dp_L für das Abstandsgewirke P2 (Wasser, Luft, Ethanol, Methan)

erfährt das Gas bei der Durchströmung und dem einhergehenden Druckabbau eine Zustandsänderung mit entsprechendem Isentropenkoeffizient. Dies sei an dieser Stelle erwähnt, wird aber in dieser Ausarbeitung nicht weiterverfolgt.

Wie schon für die anderen Proben dargelegt, wurde das Druckverlustverhältnis ebenfalls für das Shifted Grid aus den berechneten Druckwerten gebildet. Abb. 5.34 zeigt das Ergebnis des Quotienten aus den beiden Druckwerten. Der Verlauf der Kurven für Luft und Wasser ist dem Verlauf für den Metallschaum sehr ähnlich, unterscheidet sich aber im weiteren Verlauf im turbulenten Bereich. Dort ist eine ansteigende Tendenz im Kurvenverlauf zu beobachten, wie sie schon beim Abstandsgewirke (siehe Abb. 5.32) zu beobachten war, aber der Anstieg erfolgt mit einer etwas geringeren Steigung.

Die drei Porositätsproben Metallschaum, Abstandsgewirke und Shifted Grid zeigen mit zunehmender Strömungsgeschwindigkeit bei turbulenter

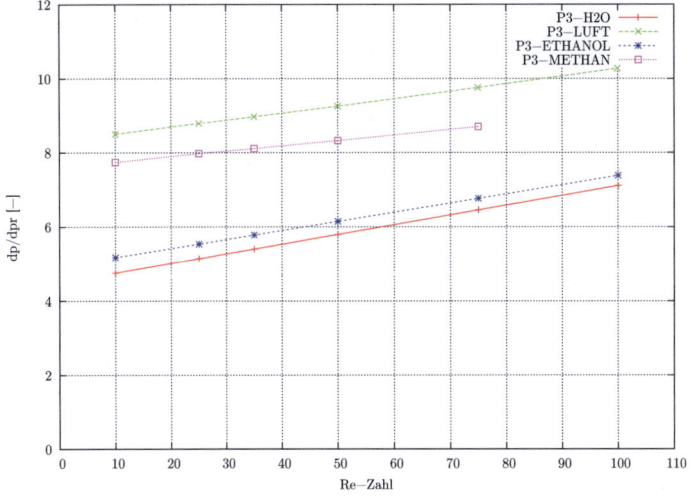

Abb. 5.33.: Druckverlustverhältnis dp_P zu dp_L für den medizinischen Filter P3 (Wasser, Luft, Ethanol, Methan)

Zuströmung ein ähnliches Verhalten, wenn der Quotient aus Druckverlust über die Porosität und Druckverlust des Leerrohres (-kanal) gebildet wird. Mit zunehmender Reynolds-Zahl separieren sich verstärkt die Kurvenverläufe für die Gase von denen der Flüssigkeiten. Dieser Effekt zeigt sich bei allen o.g. Proben. Die Erklärung hierfür kann wie bereits erwähnt nur in lokalen Turbulenzeffekten liegen, die bei Gasen eine ausgeprägtere Rolle spielen, als bei Flüssigkeiten bei gleicher Reynolds-Zahl.

5.3.2. Konvektion

Dieser Abschnitt widmet sich der Ableitung geeigneter Korrelationen und Ersatzwerte zur Approximation des effektiven Wärmeübergangskoeffizienten α_e für die modellierten Porositätsproben P1 bis P4. Aus den Ergebnissen der Mikrostrukturberechnungen werden gezielt die mittlere Fluidtemperatur T_f, die mittlere Austrittstemperatur T_a aus dem System gemäß

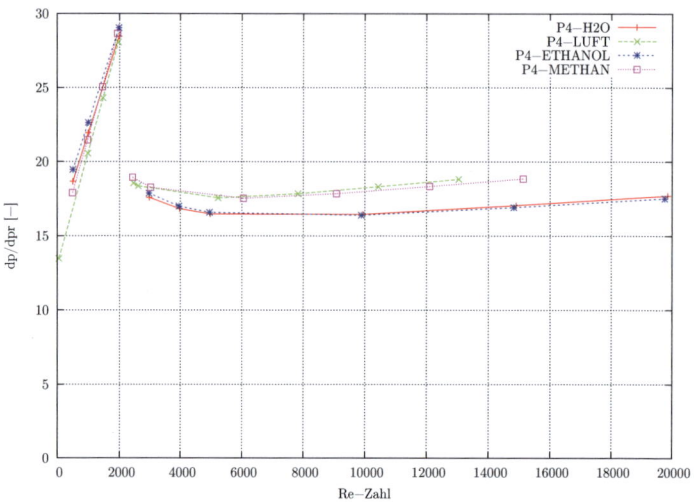

Abb. 5.34.: Druckverlustverhältnis dp_P zu dp_L für das Shifted Grid P4 (Wasser, Luft, Ethanol, Methan)

Abb. 4.25 (siehe Kapitel 4.3.5) sowie die mittlere Oberflächentemperatur T_w der mit dem Fluid in Kontakt stehenden Strukturen der Porosität (inklusive der beheizten Mantelfläche) ausgewertet und für die Bildung der Energiebilanz verwendet. An dieser Stelle sei nochmals erwähnt, dass der Vor- und Nachlauf des Rohres (bzw. Kanals) adiabat modelliert wurden und somit über diese beteiligten Flächen keine Wärme zugeführt wird. Vielmehr ist wie in Abb. 4.25 dargelegt ausschließlich die Mantelfläche der jeweiligen Porosität mit einer festen Temperatur beaufschlagt.

5.3.3. Auswertung effektiver Wärmeübergangskoeffizient

Zur Berechnung eines effektiven Wärmeübergangskoeffizienten α_e aus den Mikrostrukturberechnungen kann die Enthalpieerhöhung gemäß Gl. 5.16 ausgewertet werden. Die Wärme übertragende Fläche A_w wurde hierbei aus den virtuellen Modellen abgeleitet (siehe hierzu Tabelle 4.2). Die

Berechnung der Enthalpiedifferenz zwischen dem Eintritt und dem Austritt aus dem System kann nach folgender Korrelation bestimmt werden:

$$\Delta \dot{H} = \varrho(T) \cdot \dot{V} \cdot c_p(T) \cdot (T_a - T_e) = \alpha_e \cdot A_w \cdot (T_w - T_f) \qquad (5.16)$$

Die Umstellung von Gl 5.16 führt uns zu folgender Beziehung für die effektive Wärmeleitfähigkeit α_e:

$$\alpha_e = \frac{\varrho(T)\dot{V}c_p(T)(T_a - T_e)}{A_w(T_w - T_f)} \qquad (5.17)$$

Die Stoffeigenschaften ϱ, c_p sind temperaturabhängig. Diese wurde bei der Auswertung der Ergebnisse gemäß Gl. 5.17 berücksichtigt. In Abschnitt 5.2.5 wurden bereits einige Berechnungsergebnisse für die modellierten Porositäten und Fluide in Tabelle 5.5 dargelegt. Da für jede Porosität und modelliertes Fluid eine Kennlinie berechnet wurde, kann die effektive Wärmeleitfähigkeit α_e in Abhängigkeit der Reynolds-Zahl dargestellt werden. Diese Kennlinien stellen die Basis für die Ableitung von Ersatzparametern zur Beschreibung des Wärmeübergangs in Porositäten dar. Zu Vergleichszwecken wird analog zur Darstellung des Druckverlustes der effektive Wärmeübergangskoeffizient für ein Leerrohr (-kanal) mit in die Auswertung aufgenommen. Die Berechnung für die Durchströmung des Rohres bzw. des Kanals (Strömungsquerschnitt beim Textil bzw. Filter) erfolgte anhand der Gleichungen 3.66 (laminare Strömungsform) und 3.70 (turbulente Strömungsform). Beide Gleichungen basieren auf einer Temperaturrandbedingung ($T_w = konst$), wobei für die mittlere Temperatur im Fluid T_f zur Bestimmung der Nusseltzahlen die mittlere Fluidtemperatur aus den Mikrostrukturanalysen herangezogen wurde. Der Grund hierfür ist den Einfluss der Stoffdaten "ähnlich" zu halten (für Mikrostrukturberechnung und analytische Berechnung zur Bestimmung der Nusselt-Zahl). Dies stellt einen hypothetischen Ansatz dar. In Wirklichkeit würde sich bei einem beheizten Leerrohr eine andere mittlere Fluidtemperatur und somit andere Stoffeigenschaften ergeben. Eine Vergleichbarkeit ist nur dann gegeben, wenn der Einfluß der Stoffdaten auf den Wärmeübergangskoeffizienten ähnlich zu dem aus den Mikrostrukturanalysen abgeleiteten effektiven Wärmeübergangskoeffizienten gehalten wird. Im nächsten Abschnitt widmen wir uns der Approximation des Wärmeübergangskoeffizienten und der Auswertung der numerischen Berechnungen.

Approximation des effektiven Wärmeübergangskoeffizienten

Zur Approximation des Wärmeübergangs verwenden wir die in Abschnitt 3.5.4 dargelegte Approximationsgleichung 3.78 und vereinfachen diese auf folgende Form:

$$\alpha_e = \underbrace{\frac{\lambda_\Phi}{d_h} \cdot a \cdot Pr_\Phi^c}_{a^*} \cdot Re_K^b \quad \text{mit} \quad \{ \ c \ = \ 1 \ \} \tag{5.18}$$

Dadurch, dass in dem betrachteten Temperaturintervall die Temperaturabhängigkeit von λ_Φ und Pr_Φ für Gase vernachlässigbar ist und für die Fluide gering sind, wird der erste Term der Gl. 5.18 mit a^* zusammengefasst. Im Falle der effektiven Wärmeleitfähigkeit λ_Φ kann dies mit den Ergebnissen aus dem Abschnitt 5.1 verdeutlicht werden. Die effektive Wärmeleitfähigkeit wird maßgeblich durch die Wärmeleitfähigkeit der Struktur geprägt. Eine starke Fluidabhängigkeit auf die effektive Wärmeleitfähigkeit konnte nicht beobachtet werden. Bei der Prandtl-Zahl Pr_Φ für die Porosität zeigt sich bekanntermaßen für Gase (siehe auch [83]) keine ausgeprägte Temperaturabhängigkeit der Pr-Zahl. Bei Flüssigkeiten wird allerdings eine Temperaturabhängigkeit der Prandtl-Zahl beobachtet. Um die o.g. Vereinfachung der Approximationsgleichung rechtfertigen zu können, soll Pr_Φ näher analysiert werden. Tabelle 5.10 zeigt am Beispiel des Metallschaums eine Auswertung der effektiven Wärmeleitfähigkeit und der effektiven Prandtl-Zahl in Abhängigkeit der Fluidtemperatur.

Wie aus Tabelle 5.10 erkennbar, kann die Temperaturabhängigkeit von λ_Φ vernachlässigt werden. Bei der effektiven Prandtl-Zahl Pr_Φ bedarf es der Analyse der Temperaturerhöhung ΔT beim Durchströmen der Porositätsprobe mit einer Flüssigkeit. Abbildung 5.35 zeigt die anhand der Mikrostrukturanalysen erzielte Temperaturerhöhung in Abhängigkeit der Zuström Reynolds-Zahl Re_e.

Gemäß Abb. 5.35 wird deutlich, dass die höchste Temperaturdifferenz bei laminarer Zuströmung erzielt wird (am Beispiel Ethanol). Mit zunehmender Reynolds-Zahl nimmt der Temperaturhub ab. Für die Porositätsproben P1, P2, P4 bei der Durchströmung z.B. mit Ethanol wird lediglich ein max. Temperaturhub von $\Delta T = 5.5 \ K$ erzielt. Bei Wasserdurchströmung

Temperatur $[K]$	λ_f $[W/m/K]$	λ_Φ $[W/m/K]$	Pr_Φ $[-]$
293.0	0.59925	7.35051	0.57238
298.0	0.60726	7.35871	0.50790
303.0	0.61478	7.36641	0.45413
308.0	0.62179	7.37359	0.40921
313.0	0.62840	7.38036	0.37082
318.0	0.63461	7.38671	0.33821
323.0	0.64033	7.39257	0.30979
328.0	0.64564	7.39800	0.28539
333.0	0.65065	7.40313	0.26396

Tab. 5.10.: Temperaturabhängigkeit der Ersatzgrößen im modellierten Temperaturintervall am Beispiel von Wasser und der Probe P1

ist der Temperaturhub noch etwas größer und beträgt $\Delta T = 7.5\ K$ (siehe Abb. 5.36). Betrachten wir erneut Tabelle 5.10, so wird deutlich, dass bei dieser Temperaturdifferenz sich die Prandt-Zahl um max. 15 % verringert (laminare Zuströmung). Bei turbulenter Zuströmung fällt der Fehler erheblich geringer aus. So zeigt Abb. 5.36 für die Durchströmung mit Wasser bei einer Reynolds-Zahl von $Re_e = 10000$ bei den Porositätsproben P1, P2, P4 einen Temperaturhub, der bereits weniger als 3 K beträgt. Insofern reduziert sich der Einfluß der Temperatur auf weit unter 10 %.

Reduzieren wir nun aus den o.g. Gründen die Approximationsgleichung 5.18 auf folgende vereinfachte Darstellung:

$$\alpha_e = a^* \cdot Re_K^b. \tag{5.19}$$

Die Bestimmung der beiden unbekannten Parameter a^* und b erfolgte für die verschiedenen aus den Mikrostrukturberechnungen abgeleiteten Kennlinien für den effektiven Wärmeübergangskoeffizienten. Bei der Anwendung der Approximationsgleichung 5.19 zeigte sich beim medizinischen Filter allerdings, dass diese zur Annäherung des Wärmeübergangskoeffizienten nicht genügt. Daher wurde Gl. 5.19 noch durch einen dritten Parameter angepasst, der für alle Porositäten mit der Ausnahme des Filters bei Gasdurchströmung auf den Wert $d = 0$ festgelegt wurde. Da die

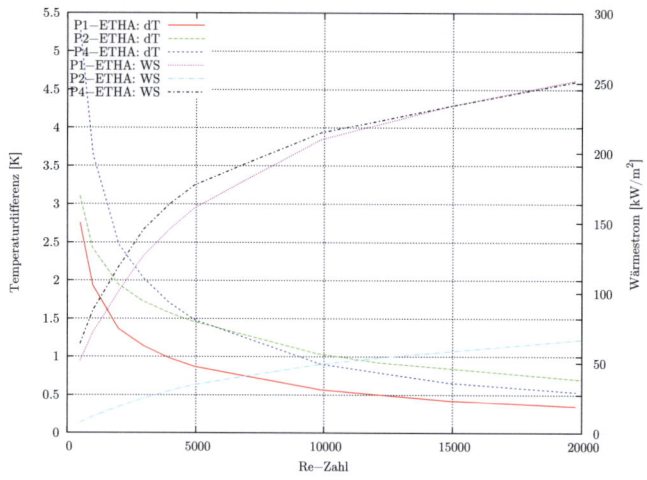

Abb. 5.35.: Temperaturhub und Wärmestromdichte in Abhängigkeit der Zuström Reynolds-Zahl Re_e für die Porositätsproben P1, P2, P4 (Ethanol)

Dichte für die Gase mit der idealen Gasgleichung bei den numerischen Berechnungen bestimmt wurde, kommen insbesondere beim Filter Kompressibilitätseffekte zum Tragen, die diese Änderung notwendig machten.

$$\alpha_e = a^* \cdot Re_K^b + d \qquad (5.20)$$

Wenden wir nun die Approximationsgleichung auf die anhand der Mikrostrukturanalysen ermittelten Kennlinien für den effektiven Wärmeübergangskoeffizienten an, so lassen sich die Parameter a^*,b und d bestimmen. Die Ergebnisse der anhand der Gnuplot-Fit-Funktion ermittelten Parameter sind in den Tabellen 5.11 und 5.12 dargestellt. Ein Vergleich der numerisch berechneten und approximierten Wärmeübergangskoeffizienten wird in den nächsten Abschnitten für jede Porositätsprobe vorgestellt und diskutiert.

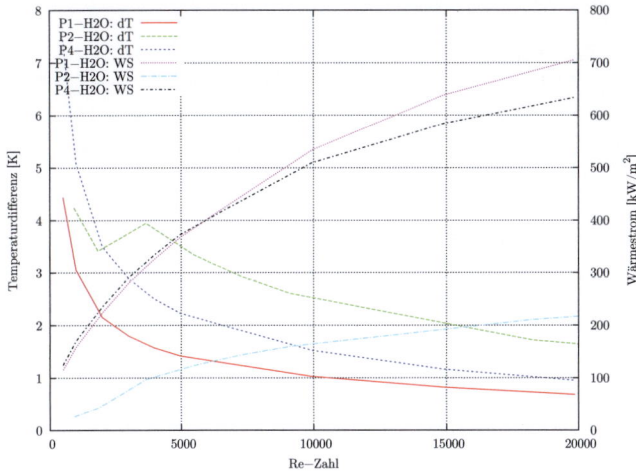

Abb. 5.36.: Temperaturhub und Wärmestromdichte in Abhängigkeit der Zuström Reynolds-Zahl Re_e für die Porositätsproben P1, P2, P4 (Wasser)

Metallschaum

Die Abbildungen 5.37 und 5.38 zeigen die Ergebnisse der Auswertung der numerischen Berechnungs- und Approximationsergebnisse für den Metallschaum. Auffallend sind leichte Abweichungen der numerischen Werte für den Wärmeübergangskoeffizienten von den approximierten Werten. Abb. 5.37 und 5.38 zeigen trotz dieser leichten Abweichungen eine recht gute Übereinstimmung für alle modellierten Fluide. Interessanterweise ist der ermittelte Wärmeübergangskoeffizient mit der Porosität nur ca. 1.5 bis 2-fach höher als der berechnete Wärmeübergangskoeffizient für ein Leerrohr (ohne Porosität).

Dieses Ergebnis ist im Zusammenhang mit den umfangreichen Diskussionen um Metallschäume als Material zur Verbesserung des Wärmeübertragungsverhaltens doch eher enttäuschend. Bei der Gasdurchströmung trägt der Metallschaum doch um einen Faktor größer als zwei dazu bei den Wärmeübergang zu verbessern. Erinnern wir uns an die Diskussion um die

Variante	H_2O			Ethanol		
	a^*	b	d	a^*	b	d
P1	53098.3	0.507111	0.	13941.	0.407128	0.
P2	25187.5	0.513182	0.	7676.89	0.567397	0.
P3	1.49562E6	0.401344	0.	573394	0.41104	0.
P4	65909.3	0.450034	0.	16877.1	0.355587	0.

Tab. 5.11.: Berechnete Parameter a^*, b und d für Wasser und Ethanol

Variante	Luft			Methan		
	a^*	b	d	a^*	b	d
P1	32.6442	0.52119	0.	32.5359	0.520961	0.
P2	4.01367	0.67691	0.	4.41025	0.638343	0.
P3	24.66	-2.43905	3065.95	116.17	-2.18973	3625.13
P4	58.0695	0.482706	0.	58.8028	0.486595	0.

Tab. 5.12.: Berechnete Parameter a^*, b und d für Luft und Methan

wärmeübertragende Fläche aus Kapitel 4.2. Die Auswertung der mit dem
Fluid in Kontakt stehenden Strukturoberfläche, die bei Durchströmung als
Wärme übertragene Fläche interpretiert werden kann, ist in Tabelle 4.2
für alle modellierten Porositäten dargestellt. Bei Metallschaum weist diese
Oberfläche im Vergleich mit der Mantelfläche einen Faktor von ca. 2 auf.
Da der übertragbare Wärmestrom proportional mit der Übertragungsfläche
einhergeht, wundert das Ergebnis letzten Endes doch nicht.
Fakt ist, dass Metallschaum (hier 10 ppi) im Grunde näherungsweise einen
proportionalen Anstieg von Wärmeübergangskoeffizient zu Wärme übertragende Fläche zeigt. Die Kosten für die näherungsweise Verdoppelung des
Wärmeübergangskoeffizienten sind beim Druckverlust zu suchen. Dieser
nimmt bei Verwendung eines Metallschauminlets der Länge $L = d_h = L_p$
um den Faktor 6 gegenüber dem Druckverlust für ein Leerrohr zu (siehe
hierzu Abb. 5.31).

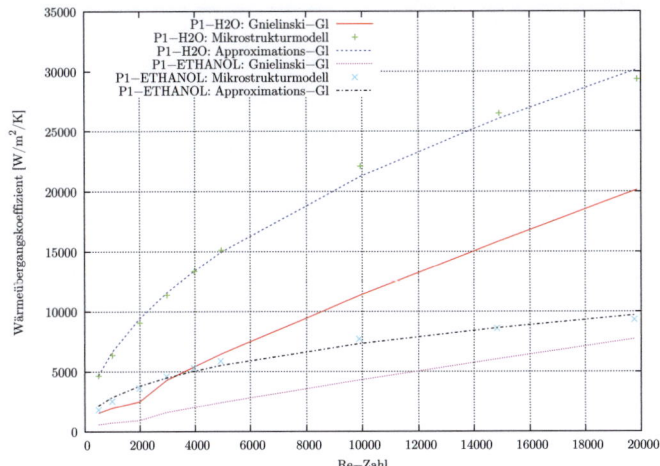

Abb. 5.37.: Berechneter eff. Wärmeübergangskoeffizient für die Metallschaumprobe P1 (Wasser und Ethanol)

Textiles Abstandsgewirke

Beim textilen Abstandsgewirke zeigt sich ebenso eine gute Übereinstimmung von numerischen Ergebnissen für den Wärmeübergangskoeffizienten mit den approximierten Ergebnissen (siehe Abb. 5.39 und 5.40), wobei bei laminarer Zuströmung größere Abweichungen festzustellen sind.

Dies lässt sich durch den stärkeren Temperatureinfluss auf die Stoffeigenschaften des Fluids bei laminarer Strömungsform erklären. Ähnlich wie schon bei der Metallschaumprobe beobachtet, wird der Wärmeübergangskoeffizient mit Porosität gegenüber einer Strömung ohne Porosität nur um ca. 30 % erhöht. Der Einfluß der Porosität auf den Wärmeübergangskoeffizienten kann daher beim Textil als gering eingestuft werden. Dies hat mehrere Gründe: Zum Einen ist die Wärmeleitfähigkeit der Struktur (Kunststoff) sehr gering ($\lambda_s = 0.23 \, \frac{W}{m^2 K}$). Zum Anderen ist die wärmetauschende Oberfläche beim Abstandsgewirke gegenüber der Mantelfläche der Porosität zwar um einen Faktor $f_w = 2.61$ größer, aber durch

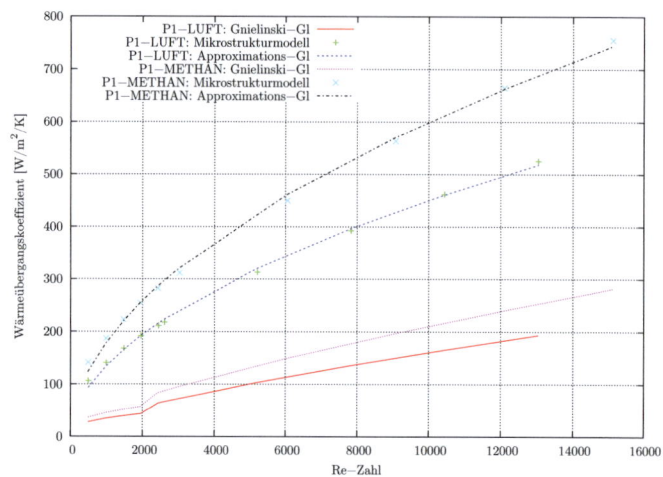

Abb. 5.38.: Berechneter eff. Wärmeübergangskoeffizient für die Metallschaumprobe P1 (Luft und Methan)

die schlechte Wärmeleitfähigkeit der Struktur kann die Wärme von der Außenhülle kommend nur sehr schlecht in die inneren Bereiche des Textils transportiert werden. Die Folge ist, dass die inneren Bereiche der Porosität zum konvektiven Wärmetransport nur geringfügig beitragen.

Bei der Durchströmung des Textils mit Luft und Methan ist nahezu ein Faktor von ca. 2 gegenüber einer reinen Kanaldurchströmung (ohne Porosität) zu verzeichnen. Dieses Phänomen haben wir bereits bei der Metallschaumprobe beobachtet. Während bei Wasser bei einer Zuström Reynolds-Zahl von $Re_e = 10000$ ein max. Wärmeübergangskoeffizient von ca. $\alpha_e = 10000 \ \frac{W}{m^2 K}$ erreicht wird, so beträgt dieser für Luft bei gleicher Reynolds-Zahl nur ca. $\alpha_e = 150 \ \frac{W}{m^2 K}$. Der Unterschied im Wärmeübergangsverhalten von Flüssigkeiten zu Gasen ist bekannt. Aber selbst bei Flüssigkeiten bzw. Gasen untereinander existieren Unterschiede, die mit den Stoffeigenschaften des jeweiligen Fluids zu tun haben.

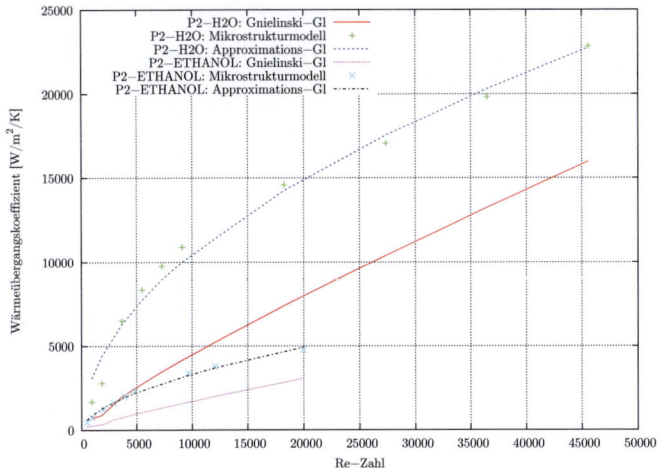

Abb. 5.39.: Berechneter eff. Wärmeübergangskoeffizient für das Abstandsgewirke P2 (Wasser und Ethanol)

Medizinischer Filter

Da die Filterprobe zwar hinsichtlich Ihrer Porosität eine ähnliche Größenordnung wie die anderen Proben aufweist, aber die Grunddimension nicht mit den anderen Proben vergleichbar ist, fallen die Ergebnisse doch deutlich anders aus. Grundsätzlich kann die erweiterte Approximationsgleichung 5.20, wie aus Abb. 5.41 erkennbar ist, angewendet werden.

Der medizinische Filter wurde als laminar beströmt simuliert. Eine turbulente Durchströmung wäre bei den Dimensionen unplausibel und nur mit unrealistisch hohen Drücken realisierbar. Das Ergebnis der Approximation des Wärmeübergangskoeffizienten kann ähnlich wie bei den zuvor diskutierten Proben als gut bezeichnet werden. Gegenüber den anderen Proben wird beim medizinischen Filter bereits bei sehr kleinen Reynolds-Zahlen ein Wärmeübergangskoeffizient von $\alpha_e \geq 20000 \frac{W}{m^2 K}$ erreicht. Daher kann die Wärme beim medizinischen Filter sehr effektiv transportiert werden,

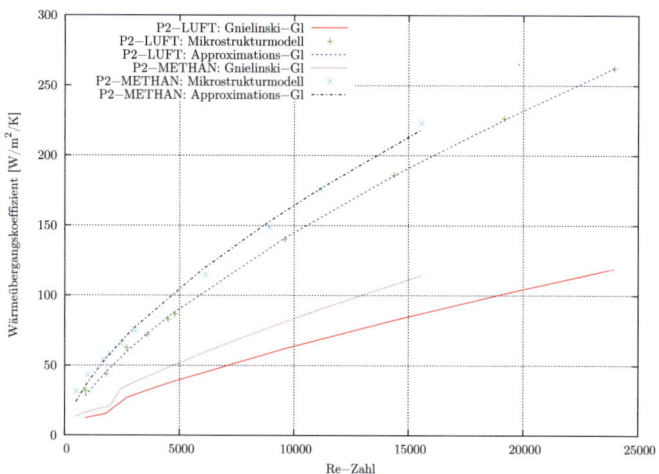

Abb. 5.40.: Berechneter eff. Wärmeübergangskoeffizient für das Abstandsgewirke P2 (Luft und Methan)

obschon das Strukturmaterial (Zellulose Acetat) ebenso wie Kunststoff eine sehr geringe Wärmeleitfähigkeit aufweist (siehe Tabelle 4.7).

Auffallend allerdings ist das Wärmeübertragungsverhalten bei der Durchströmung mit gasförmigen Fluiden. Abbildung 5.42 zeigt mit zunehmender Reynoldszahl eine Abnahme des Wärmeübergangskoeffizienten. Durch den hohen Widerstand, den die Porosität des Filters auf die Fluidströmung verursacht, findet ein Aufstau der Strömung mit entsprechendem Anstieg des statischen Druckes statt. Der Druck vor Eintritt in den Filter nimmt dabei bei den modellierten Gasen Werte von bis zu $P_s = 5500\,Pa$ (z.B. Luft) an. Bei diesem Druck ist der Einfluß auf die Stoffeigenschaften nicht mehr zu vernachlässigen. Im Gegensatz zu Flüssigkeiten sind Gase kompressibel und somit existiert neben der Temperaturabhängigkeit ebenfalls eine Druckabhängigkeit. Da die Nusselt-Zahl als Maß für den Wärmeübergang eine Funktion von der Reynolds-Zahl und der Prandtl-Zahl ist, müssen wir an dieser Stelle diese beiden Kennzahlen im Zusammenhang etwas genauer analysieren.

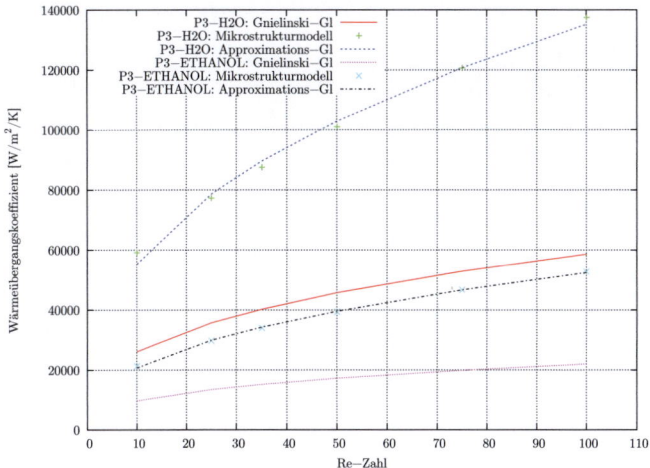

Abb. 5.41.: Berechneter eff. Wärmeübergangskoeffizient für die Filterprobe P3 (Wasser und Ethanol)

Shifted Grid

Die numerischen Ergebnisse der Approximation des Wärmeübergangskoeffizienten für das Shifted Grid (Probe P4) zeigen grundsätzlich ein sehr ähnliches Verhalten wie beim Metallschaum (siehe Abb. 5.43). Der Wärmeübergangskoeffizient erreicht allerdings bei gleicher Reynolds-Zahl etwas höhere Werte als wie sie für den Metallschaum erzielt wurden. Die Aproximation des Wärmeübergangs anhand Gl. 5.19 liefert recht gute Ergebnisse, allerdings zeigen sich insbesondere im Übergangsbereich ($2300 < Re_e < 10000$) kleinere Abweichungen. Das Verhältnis von Wärmeübergang mit Porosität zu ohne Porosität zeigt näherungsweise einen Faktor von zwei.

Das virtuelle Modell des Shifted Grid weist eine mit dem Fluid in Kontakt stehende Strukturoberfläche A_w auf, die gegenüber der Mantelfläche A_m um einen Faktor von 3.1 größer ist. Somit ist die Wärme übertragende Fläche A_w gegenüber der Metallschaumstruktur deutlich größer.

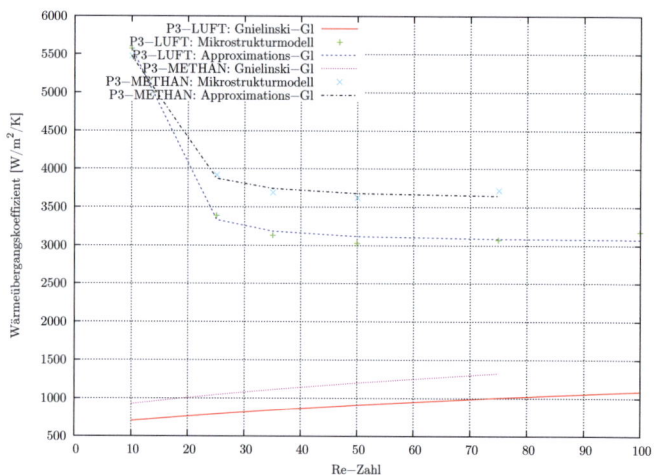

Abb. 5.42.: Berechneter eff. Wärmeübergangskoeffizient für die Filterprobe P3 (Luft und Methan)

Die Abbildungen 5.35 und 5.36 zeigen einen höheren Tenperaturhub zwischen Einlaß und Auslaß für das Shifted Grid im Vergleich zu den Proben P1 und P2, aber dies nur bei kleineren Reynolds-Zahlen. Durch die höhere wärmeübertragende Fläche und einen höheren Wärmeübergangskoeffizient, schneidet das Shifted Grid in Bezug auf übertragbare Wärmeströme am Besten ab. Bei höheren Reynolds-Zahlen allerdings zeigt sich beim Abstandsgewirke ein höherer Temperaturhub als beim Metallschaum und beim Shifted Grid.

Abbildung 5.44 zeigt den berechneten Wärmeübergangskoeffizienten für die modellierten Gase Luft und Methan. Diese sind ebenso wie bei den Flüssigkeiten höher als für die Proben P1 und P2. Die Approximierte Gleichung liefert sehr plausible Ergebnisse, die nur eine geringe Abweichung zu den numerischen Ergebnissen zeigen. Insgesamt kann die vereinfachte Approximationsgleichung 5.20 für Vorababschätzungen damit verwendet werden.

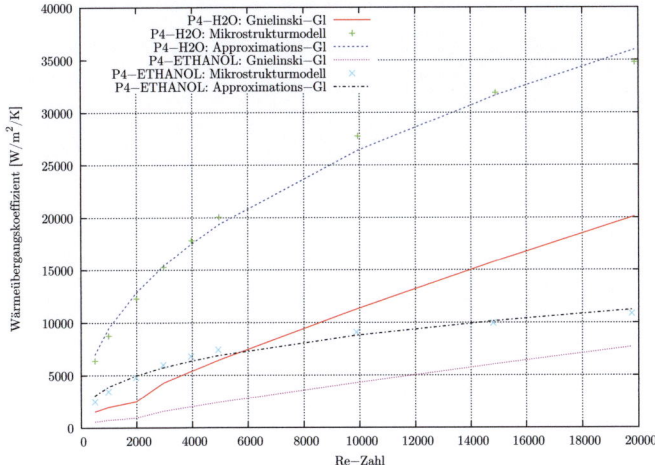

Abb. 5.43.: Berechneter eff. Wärmeübergangskoeffizient für das Shifted Grid P4 (Wasser und Ethanol)

5.3.4. Zusammenfassung Ersatzparameter

Das Druckverlust- und Wärmeübertragungsverhalten von durchströmten Porositäten kann anhand von Mikrostrukturanalysen gut vorhergesagt werden. Die erzielten Ergebnisse für den Druckverlust und den Wärmeübergangskoeffizienten können mit den Approximationsgleichungen 5.2 und 5.19 angenähert werden. Die Koeffizienten für den funktionalen Zusammenhang für den Druckverlust in Abhängigkeit von Porosität und definiertem Fluid sind in den Tabellen 5.8 (für die Gase) und 5.7 (für die Flüssigkeiten) dargestellt.

Die Koeffizienten zur Bestimmung des effektiven Wärmeübergangskoeffizienten sind in den Tabellen 5.11 und 5.12 dargestellt. Mit diesen aus den Mikrostrukturberechnungen letzten Endes abgeleiteten Koeffizienten stehen dem Ingenieur nun einfache empirische Funktionen zur Verfügung anhand derer schnell Überschlagsrechnungen für eine Applikation durchgeführt werden können.

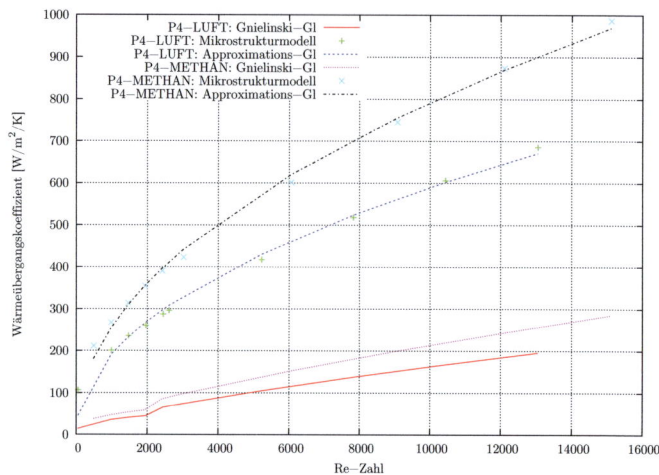

Abb. 5.44.: Berechneter eff. Wärmeübergangskoeffizient für das Shifted Grid P4 (Luft und Methan)

Dies ist aber nur dann möglich, wenn die Zuströmung mit einem mehr oder weniger eindimensionalen Geschwindigkeitsprofil und einem homogenen Temperaturprofil erfolgt. Findet eine Zuströmung asymmetrisch mit dreidimensionalen Geschwindigkeitskomponenten und gegebenenfalls auch mit einem asymmetrische Temperaturprofil am Einlauf statt, können die empirischen Gleichungen nicht ohne weiteres angewendet werden. Ebenso kritisch ist die Anwendung der emprischen Beziehungen, wenn z.B. die Temperaturrandbedingung inhomogen ist.

Daher wollen wir nun in dem folgenden Kapitel 6 gezielt die Porositätsparameter in CFD-Ersatzmodelle integrieren und mit den gleichen Strömungs- und Temperaturrandbedingungen wie für die Mikrostrukturmodelle Strömungsberechnungen durchführen. Die Struktur der Porosität wird dabei nicht aufgelöst modelliert, sondern als poröse Region definiert. Daher nennen wir diese Modelle Makroporositätsmodelle. Die Ersatzparameter gemäß den Tabellen 5.7, 5.8, 5.11 und 5.12 werden hierzu soweit möglich verwendet. Um dies beurteilen zu können, wird in Kapitel 6 die

Methodik der "porösen Region" anhand der Erhaltungsgleichungen näher erläutert. Im Abschnitt 6.3.4 wird weiterhin ein reales Anwendungsbeispiel vorgestellt, das zeigen soll, dass die Ersatzmodelle für große Applikationen mit integrierten Porositäten durchaus einsetzbar sind.

6. Makroporositätsmodelle

6.1. Porositätsmodell für Impuls, Wärmeleitung und Konvektion

CFD-Codes wie StarCCM+ besitzen Makroporositätsmodelle, die ohne die Auflösung von Strukturen einer Porosität auskommen. Hierzu werden die Erhaltungsgleichung entsprechend angepasst. Für die mittlere (superficial velocity) Geschwindigkeit in einer Porosität gilt:

$$v_{sup} = \Phi_A \cdot v \quad \text{mit} \quad \left\{ \begin{array}{ll} \Phi_A & \text{Oberflächenporosität} \\ v & \text{Geschwindigkeit} \end{array} \right\} \quad (6.1)$$

6.1.1. Massen- und Spezienerhaltung

Die Massenerhaltung in einem porösen Medium wird im Rahmen der Makroporositätsmodellierung wie folgt modelliert, wobei das freie Fluidvolumen V_f durch $\Phi \cdot V$ abgebildet wird.

$$\frac{d}{dt} \int_V \varrho \Phi dV + \int_S \varrho(v_{sup} - v_s) \cdot ds = 0 \quad (6.2)$$

Für die Konzentrationsgleichung zur Beschreibung des Stofftransports durch ein poröses Medium ergibt sich die entsprechend modifizierte Gleichung

$$\frac{d}{dt} \int_V \varrho c_i \Phi dV + \int_S \varrho c_i (v_{sup} - v_s) \cdot ds = \int_S q_{ci} \cdot ds + \int_V s_{ci} \Phi dV, \quad (6.3)$$

wobei für q_{ci} folgende Definition gilt:

$$q_{ci} = \left(\varrho(D_i)_\Phi + \frac{\mu_t}{(\sigma)_\Phi} \right) \text{grad } c_i \quad \text{mit} \quad \left\{ \begin{array}{ll} (D_i)_\Phi & \text{Diffusionskoeffi.} \\ (\sigma)_\Phi & \text{Schmidt} - \text{Zahl} \\ \mu_t & \text{turb. Viskosität} \end{array} \right\}$$
(6.4)

6.1.2. Impulserhaltung

Für die Impulsgleichung wird ein zusätzlicher Quellterm zur Beschreibung des durch die Porosität verursachten Widerstands benötigt. In StarCCM+ erfolgt dies durch die Einführung eines Widerstandstensors, der für die Porosität gilt. Der Quellterm hat folgende Form:

$$-\int_V R \cdot v_{sup} \Phi dV$$
(6.5)

Bei relativ großen Widerständen entstehen über die Porosität große Druckgradienten, wodurch in der Regel die konvektiven, viskosen und zeitlichen Terme der Impulsgleichung vernachlässigbar sind. Damit reduziert sich die Impulsgleichung auf eine anisotrope Version des Darcy Gesetzes.

$$0 = -\int_V \text{grad } p\Phi dV + \int_V f_b \Phi dV - \int_V R \cdot v_{sup} \Phi dV$$
(6.6)

Mit der Definition des Widerstandstensors

$$R = a_k + b_k |v|$$
(6.7)

erhält der Quellterm der Impulsgleichung die bereits erwähnte Darcy-Forchheimer Erweiterung für poröse Medien. Im Falle einer Rohr- bzw. Kanalströmung kann der Druckabfall in Strömungsrichtung ohne Berücksichtigung der Volumenkräfte (Gravitation) mit Gleichung 5.2 berechnet werden, wobei die Widerstandsbeiwerte a_k und b_k benötigt werden. Dadurch, dass die Widerstandsbeiwerte die konvektiven und viskosen

Flüsse dominieren, kann diese Vereinfachung der Impulsgleichung für eine poröse Region vorgenommen werden. Die Bestimmung der zum Widerstandstensor äquivalenten Beiwerte a_k und b_k kann entweder durch Mikrostruktursimulationen, indem die Auflösung der Strukturen einer Porosität erfolgt (siehe Abschnitt 5.3), oder durch Experimente ermittelt werden. Diese Beiwerte sind wie bereits erwähnt für jede Art der Porosität (Geometrie) und für jedes für die Durchströmung der Porosität vorgesehenes Fluid zu bestimmen. Die Beiwerte können dann bei festliegender Porosität und Fluid für jeden Betriebspunkt beibehalten werden.

6.1.3. Energieerhaltung

Für die Energieerhaltung muß ebenfalls eine Erweiterung vorgenommen werden, wobei insbesondere bei gängigen CFD-Codes wie auch StarCCM+ davon ausgegangen wird, dass die durch das poröse Medium zu verrichtende Arbeit vollständig als Wärme freigesetzt wird. Dies führt uns zu folgender Energiegleichung für ein inkompressibles Fluid:

$$
\frac{d}{dt} \int_V \varrho \cdot e \cdot \Phi \cdot dV + \int_S \varrho \cdot e \cdot (v_{sup} - v_s) \cdot ds = \int_S q_h \cdot ds
$$

$$
+ \int_V (R \cdot v_{sup}) \cdot v_{sup} \cdot \Phi \cdot dV
$$

$$
+ \int_V s_h \cdot \Phi \cdot dV \qquad (6.8)
$$

mit

$$
q_h = \left(\lambda_e + \frac{\mu_t c_p}{(\sigma_T)_\Phi} \right) \operatorname{grad} T \quad \text{mit} \quad \left\{ \begin{array}{ll} \lambda_e & \text{eff. Wärmeleitf.} \\ (\sigma_T)_\Phi & \text{turb. Prandtl Zahl} \\ \mu_t & \text{turb. Viskosität} \end{array} \right\}
$$
$$(6.9)$$

Im Falle des konvektiven Wärmetransportes ist in den gängigsten CFD-Solvern für eine poröse Region die Wärmeleitfähigkeit der Struktur der Porosität anzugeben. Im Falle z.B. von Metallschaum wäre dies eine

Wärmeleitfähigkeit von Aluminium. Zur Berechnung der effektiven Wärmeleitfähigkeit λ_e in der porösen Region wird folgende Beziehung verwendet:

$$\lambda_e = \Phi \cdot \lambda_f + (1 - \Phi) \cdot \lambda_s \tag{6.10}$$

6.1.4. Turbulenz-Modell für die poröse Region

Im Zusammenhang mit der Turbulenzmodellierung findet sich in Star-CCM+ ein vereinfachtes k-ε Turbulenz-Modell. Das k-ε Turbulenzmodell ist ein weitverbreitetes Zweigleichungsmodell. Es beschreibt mit zwei partiellen Differentialgleichungen die Entwicklung der turbulenten kinetischen Energie k und der isotropen Dissipationsrate ε. Details zu den verschiedenen in gängigen CFD-Codes vorhandenen Turbulenzmodellen (ohne Porositätszonen) können in [49, 82, 67, 4, 5] nachgeschlagen werden. Bei der Modellierung der Turbulenz in einer porösen Region gemäß des Makroporositätsansatzes wird folgende empirische Beziehung zur Berechnung der zwei Zustandsgrößen k und ε angegeben:

$$k = \frac{3}{2}v^2 \cdot I_\Phi^2, \qquad \varepsilon = \frac{C_\mu^{3/4}k^{3/2}}{l_\Phi} \quad \text{mit} \quad \left\{ \begin{array}{ll} I_\Phi & \text{turb. Intensität} \\ l_\Phi & \text{turb. Längenskala} \end{array} \right\} \tag{6.11}$$

Somit stellt das Turbulenzmodell für poröse Strukturen einen sehr vereinfachten Ansatz dar, wobei die turbulente Intensität und die turbulente Längenskala im Grunde nicht bekannt sind.

6.2. Modellierung der Ersatzporosität

Zur Modellierung der Ersatzporosität werden die identischen Dimensionen für die verschiedenen Porositäten (Metallschaum, Abstandsgewirke, mediz. Filter und Shifted Grid) verwendet. Dies betrifft den Strömungsquerschnitt mit hydraulischem Durchmesser d_h, den Strömungsvorlauf L_v, die poröse Region der Länge L_p und den Strömungsnachlauf L_n. Die geometrische Zuordnung dieser Dimensionen ist in Kapitel 4.3.1 anhand der Abb. 4.11

im Detail beschrieben. Die geometrischen Dimensionen für die einzelnen Porositätsproben sind in den Tabellen 4.2 und 4.3 dargelegt. Die Einlaß- und Temperaturrandbedingungen werden analog zu den Randbedingungen für die Mikrostrukturmodelle definiert. Somit werden mit der Ausnahme der bei den CFD-Ersatzmodellen nicht aufgelösten porösen Struktur identische Annahmen für die CFD-Berechnungen gewählt. Die poröse Region (Ersatzporosität) bedarf allerdings einiger Definitionen, um die Ersatzwerte aus Kapitel 5.3 in das Makroporositätsmodell übernehmen zu können. Dies betrifft insbesondere die Definition

- der Porosität,

- des Widerstandstensors für isotrope Materialien, der durch den Trägheitskoeffizienten b_k und den Koeffizienten für den viskosen Anteil a_k beschrieben wird,

- der Wärmeleitfähigkeit der porösen Struktur.

Anhand dieser wesentlichen Einstellungen kann die poröse Region mit den Eigenschaften definiert werden, die für eine hinreichende Abbildung der jeweiligen Porosität mindestens notwendig sind. Im Zusammenhang mit der Wärmeleitfähigkeit der Struktur wurden allerdings modifizierte Werte nach Gl. 6.13 definiert, da die Berechnung der effektiven Wärmeleitfähigkeit durch den CFD-Solver wie wir in Abschnitt 6.3.3 sehen werden, überhöhte Werte liefert. Im Zusammenhang mit dem effektiven Wärmeübergangskoeffizienten können die erarbeiteten Ersatzparameter nicht für die poröse Region definiert werden. Dies macht im Grunde auch keinen Sinn, da die erweiterte Energieerhaltungsgleichung (siehe Gl. 6.8) nur die Fluidphase berücksichtigt und die Wandgesetze zur Annäherung eines Temperaturprofils nicht an "das Porositätsmodell" angepasst werden. Im Grunde bedarf es wie schon zuvor verdeutlicht des Zwei-Gleichungs-Modells, eine Energieerhaltungsgleichung für die Fluidphase und eine Energieerhaltungsgleichung für die Solidphase (virtuell) nach [28, 54, 87]. Der Wärmeübergangskoeffizient zwischen der Fluidphase und der virtuellen Solidphase wäre dann lokal durch Mikrostrukturberechnungen abzuleiten. Bislang wurden folgende Berechnungen bzw. Auswertungen durchgeführt:

- Mikrostrukturberechnungen zur Ermittlung der effektiven Wärmeleitfähigkeit λ_e (siehe Abschnitt 5.1)

- Mikrostrukturberechnungen mit aufgelöster Struktur der Porosität (Metallschaum, Abstandsgewirke, mediz. Filter, Shifted Grid) mit den Fluiden Wasser, Ethanol, Luft und Methan zur Ermittlung des Druckverlustes und des Wärmeübergangskoeffizienten in Abhängigkeit der Zulauf Reynolds-Zahl Re_e (siehe Abschnitt 5.2)

- Ableitung der Porositätsparameter zur Definition von empirischen Beziehungen zur Berechnung des Druckverlustes und des Wärmeübergangskoeffizienten (siehe Abschnitt 5.3)

- Integration der Porositätsparameter in die CFD-Ersatzmodelle (dieser Abschnitt)

Abbildung 6.1 zeigt anhand des Beispiels des textilen Abstandsgewirkes die Vorgehensweise für die Integration der Porositätsparameter in das CFD-Ersatzmodell. Im nächsten Abschnitt widmen wir uns den Ergebnissen aus den Makroporositätsberechnungen.

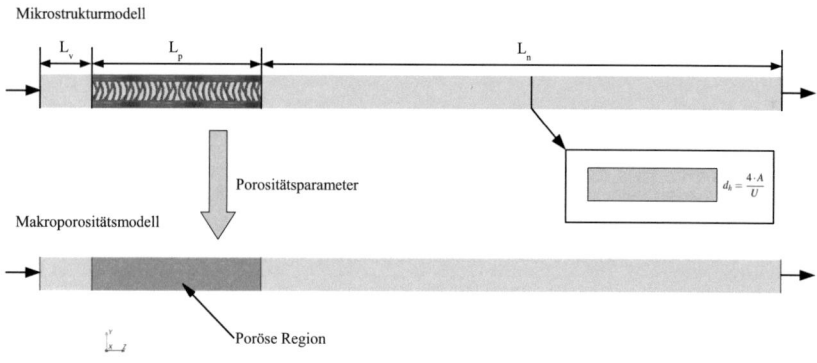

Abb. 6.1.: Vom Mikrostrukturmodell zum Makroporositätsmodell am Beispiel des Abstandsgewirke

6.3. Berechnungsergebnisse und Vergleich

Bei den Makroporositätsberechnungen wurden ebenfalls die vier Fluide Wasser, Luft, Ethanol und Methan modelliert. Ebenso wurde die Reynolds-Zahl am Einlaß variiert, um somit Kennlinien für den Druckverlust und den effektiven Wärmeübergangskoeffizienten ableiten zu können. Durch einen gezielten Vergleich mit den empirischen Korrelationen soll letzten Endes aufgezeigt werden, wie gut das CFD-Ersatzmodell mit den bisher erzielten Ergebnissen korreliert und inwieweit dieses dann für reale Applikationen einsetzbar ist. Die grundsätzliche Vorgehensweise ist in Abb. 6.1 dargestellt.

6.3.1. Druckverlust im Vergleich

Zur übersichtlicheren Darstellung werden jeweils die empirischen Funktionen und die Ergebnisse aus den Makroporositätsberechnungen für die verschiedenen Porositäten und Fluide dargestellt. Zur Verdeutlichung der grundsätzlichen Modellunterschiede zwischen dem Mikrostruktur- und dem Makroporositätsansatz ist Abb. 6.1 sehr nützlich. Die Ersatzparameter a_k und b_k, die für die Makroporositätsmodelle notwendig sind, können aus den Tabellen 5.7 und 5.8 entnommen werden.

Abbildung 6.4 zeigt den berechneten Druckverlust mit dem CFD-Ersatzmodell und der Darcy-Forchheimer-Gleichung (aus den Mikrostrukturberechnungen approximiert). Unmittelbar auffallend ist, dass die Werte für den Druckverlust gegenüber der empirischen Funktion abweichen. Dies läßt sich für die modellierten Flüssigkeiten Wasser und Ethanol sowie für die Gase Luft und Methan gleichermaßen beobachten, wobei im Falle der Gase die Abweichung stärker ausfällt. Im laminaren Bereich bei einer Reynolds-Zahl $Re_e \leq 2300$ fallen die Abweichung im Vergleich zur turbulenten Zuströmung geringer aus.

Die grundsätzliche Abweichung im Vergleich ist auf die Temperaturabhängigkeit der Stoffeigenschaften zurückzuführen. Hierzu wollen wir uns die berechnete Temperaturerhöhung des Fluids bei der Durchströmung der porösen Region näher anschauen. Abbildung 6.2 zeigt die berechnete Temperaturverteilung für das Mikrostruktur- und das Makroporositätsmodell

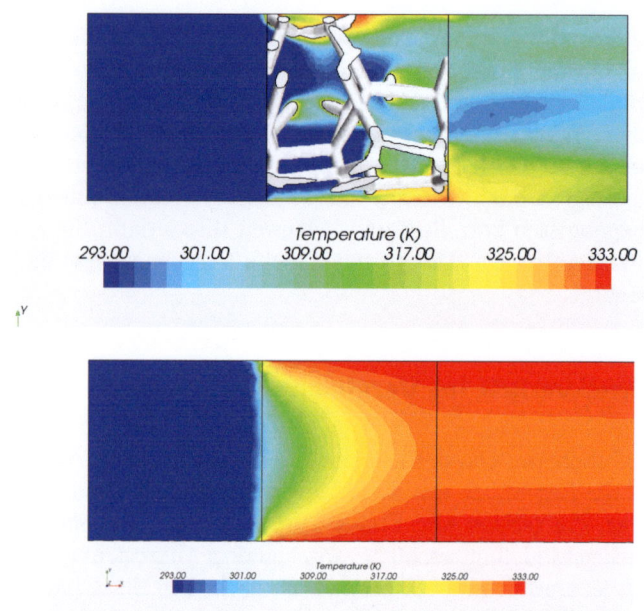

Abb. 6.2.: Berechnete Temperaturverteilung Mikrostrukturmodell versus Makroporositätsmodell (bei $Re_e = 1451$, Metallschaum, Methan)

(Metallschaum, Methan) im Vergleich. Auf den ersten Blick wird deutlich, dass sehr große Unterschiede im radialen Temperaturprofil zu verzeichnen sind. Beim Makroporositätsmodell findet eine erheblich stärkere thermische Grenzschichtbildung statt, als beim Mikrostrukturmodell. Dies führt dazu, dass die Stoffdaten, die temperaturabhängig modelliert wurden, sich stärker verändern, als dies beim Mikrostrukturmodell der Fall ist. Dabei sei insbesondere die Viskosität genannt, da diese direkt den Druckverlust beeinflusst und somit die Abweichungen aus Abb. 6.4 erklären.

Betrachten wir die berechnete Temperaturverteilung für das Abstandsgewirke für die beiden Modellansätze (Methan, $Re_e = 1666$). Abbildung

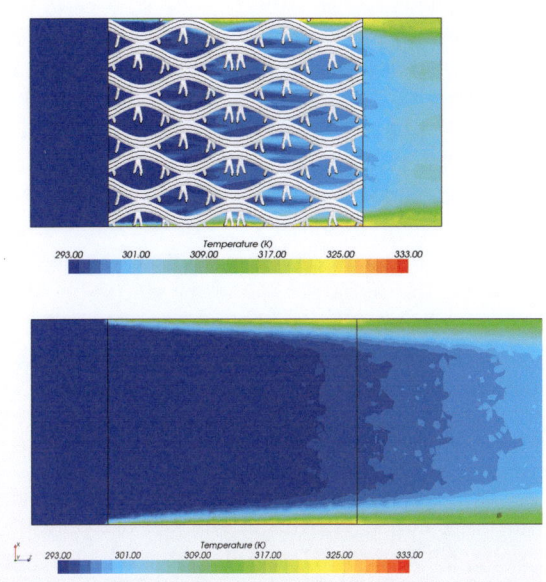

Abb. 6.3.: Berechnete Temperaturverteilung Mikrostrukturmodell versus Makroporositätsmodell (bei $Re_e = 1666$, Abstandsgewirke, Methan)

6.3 zeigt das Ergebnis aus den beiden Berechnungen. Im Vergleich zu der zuvor diskutierten Temperaturverteilung für die Metallschaumprobe, zeigt sich beim Makroporositätsmodell für das Abstandsgewirke ein "ähnliche" thermische Grenzschichtbildung wie beim Mikrostrukturmodell. Der Einfluß auf die Stoffdaten ist somit "ähnlich". Dies erklärt nun auch, warum der Vergleich des berechneten Druckverlustes für die beiden Modellansätze (siehe Abb. 6.5) eine gute Übereinstimmung zeigt. Bei den modellierten Flüssigkeiten ist der thermische Einfluß auf den Druckverlust, wie schon in Abschnitt 5.3.1 erläutert, geringer als bei Gasen. Dies kann gut an den beiden Abbildungen 6.4 und 6.5 aufgezeigt werden.

Wie bereits erläutert stimmen die anhand des Mikrostruktur- und des Makroporositätsmodells berechneten Druckverlustwerte für das Abstandsgewirke im Rahmen der numerischen Ungenauigkeiten gut überein. Beim medizinischen Filter lässt sich ein ähnlicher Trend wie bei den Proben P1 und P2 beobachten. Bei den modellierten Flüssigkeiten fällt die Abweichung der Ergebnisse aus dem Makroporositätsmodell gegenüber dem Mikrostrukturmodell geringer als bei Gasen aus (siehe Abb. 6.6). Dies kann wiederum mit dem thermischen Einfluß auf die Stoffdaten erklärt werden. Auf diesen thermischen Einfluß werden wir in nächsten Abschnitt 6.3.2 näher eingehen. Bei dem Shifted Grid stellen sich ähnliche Verhältnisse wie bei der Metallschaumprobe ein (siehe Abb. 6.7). Bei den modellierten Flüssigkeiten ist die Abweichung eher gering, bei den modellierten Gasen sind diese teilweise groß. Die erzielten Vergleichsergebnisse für den Druckverlust können wie folgt zusammengefasst werden:

- Grundsätzlich existieren größere Abweichungen bei Gasen als bei Flüssigkeiten.

- Im Falle einer hohen Wärmeleitfähigkeit der porösen Struktur (Metallschaum, Shifted Grid) sind die Abweichungen des berechneten Druckverlusts, insbesondere bei den modellierten Gasen, erheblich.

- Im Falle einer geringen Wärmeleitfähigkeit der porösen Struktur sind die Abweichungen der Ergebnisse aus dem Makroporositätsmodell gegenüber dem Mikrostrukturmodell eher geringfügig (Abstandsgewirke).

- Im Falle kleiner Porengröße, wie sie beim medizinischen Filter vorhanden ist, sind die Abweichungen insbesondere bei Gasen in einer ähnlichen Größenordnung wie bei den Proben P1 und P4.

- Als Ursache wird der thermische Einfluß auf die Stoffdaten angenommen (Erläuterungen hierzu siehe Abschnitt 6.3.2).

Die Zusammenfassung der erzielten Ergebnisse zum Druckverlust läßt letzten Endes nur einen Schluß zu: Mit Ausnahme des textilen Abstandsgewirkes können die anderen Makroporositätsmodelle nur begrenzt für die Auslegung von Applikationen verwendet werden. Im Falle von mit Ethanol bzw. Wasser (Flüssigkeiten) durchströmten Porositäten ist der Fehler eines Makroporositäts- zu einem Mikrosstrukturmodell noch akzeptabel, im Falle von mit Gas durchströmten Porositäten ist der Fehler eher zu hoch und von einer Verwendung zur Auslegung von Anwendungen sollte in diesem Fall eher abgeraten werden bzw. ein entsprechender Korrekturfaktor eingeführt werden (diese Aussage gilt nur für die Proben P1, P3, P4). Die eigentliche Frage allerdings, die es zu klären gilt, ist wie die verstärkte Abweichung ursächlich begründet werden kann. Im nächsten Abschnitt werden wir einen Vergleich der berechneten Wärmeübergangskoeffizienten mit den zwei Modellansätzen herbeiführen und daraus Erklärungen und Beweise für die ursächlichen Gründe der bisher diskutierten Abweichungen im Druckverlust und den nun folgenden Abweichungen im Wärmeübergangskoeffizienten ableiten.

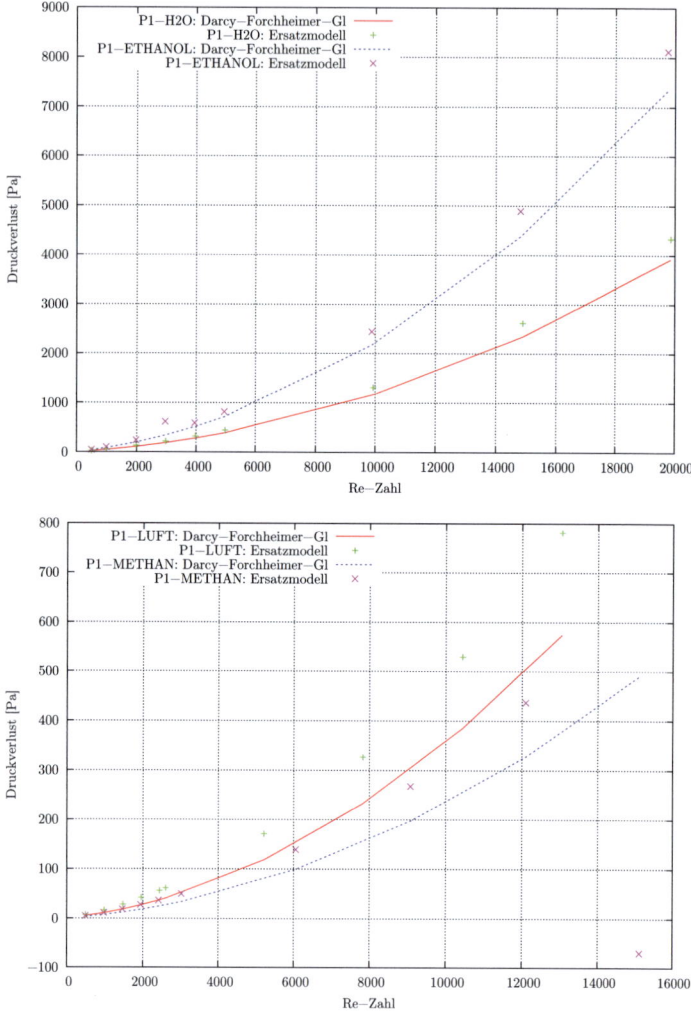

Abb. 6.4.: Berechneter Druckverlust mit dem CFD-Ersatzmodell im Vergleich zu Darcy-Forchheimer, Probe P1 (Wasser, Ethanol, Luft, Methan)

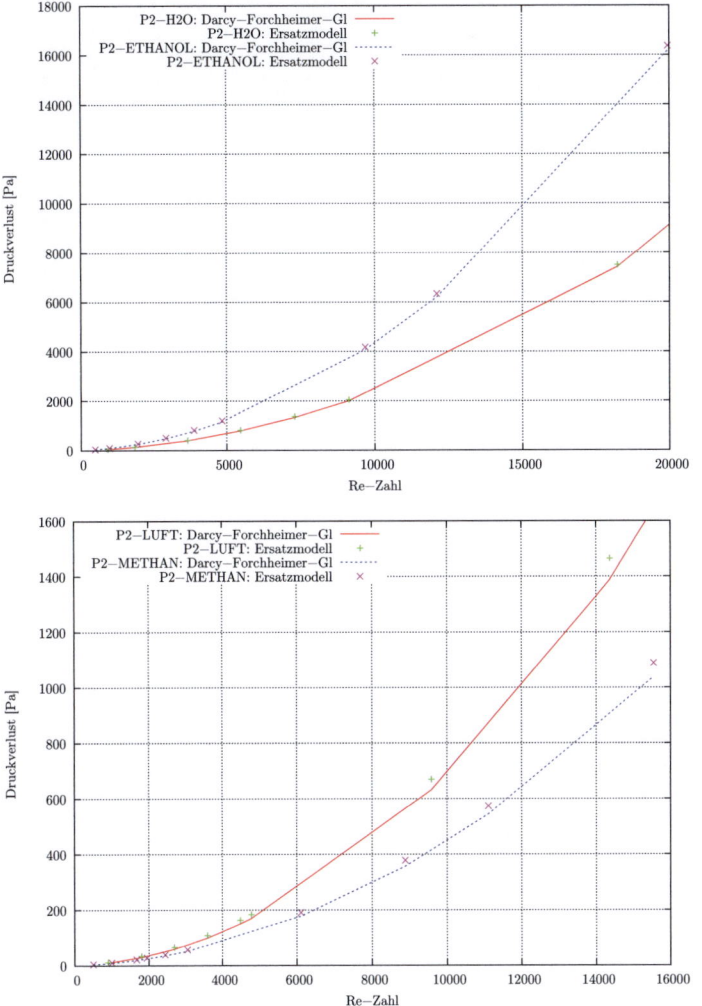

Abb. 6.5.: Berechneter Druckverlust mit dem CFD-Ersatzmodell im Vergleich zu Darcy-Forchheimer, Probe P2 (Wasser, Ethanol, Luft, Methan)

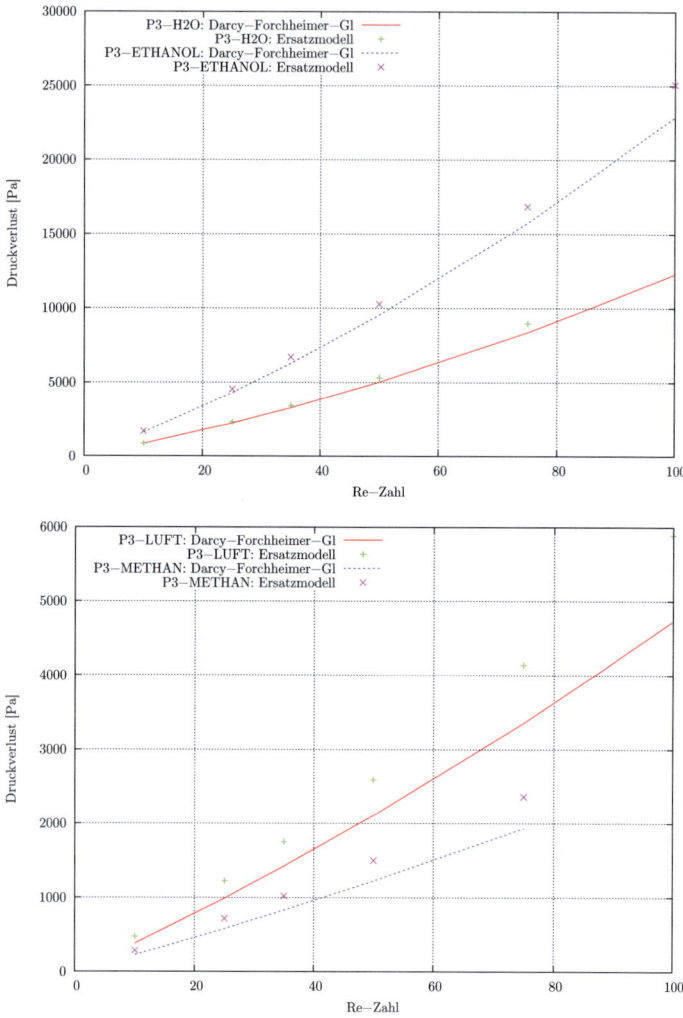

Abb. 6.6.: Berechneter Druckverlust mit dem CFD-Ersatzmodell im Vergleich zu Darcy-Forchheimer, Probe P3 (Wasser, Ethanol, Luft, Methan)

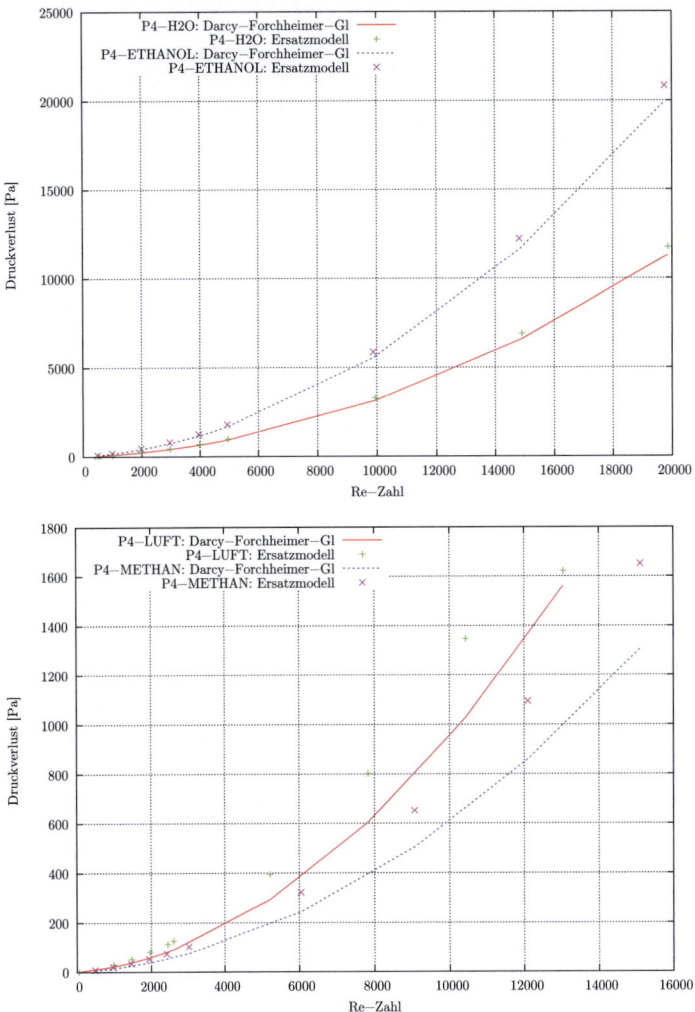

Abb. 6.7.: Berechneter Druckverlust mit dem CFD-Ersatzmodell im Vergleich zu Darcy-Forchheimer, Probe P4 (Wasser, Ethanol, Luft, Methan)

6.3.2. Wärmeübergangskoeffizent im Vergleich

Die Berechnung des effektiven Wärmeübergangskoeffizienten α_e wurde bei den Makroporositätsmodellen analog zu den Mikrostrukturmodellen durchgeführt. Aus der Enthalpieerhöhung zwischen Eintritt und Austritt in das System kann der übertragene Wärmestrom bestimmt werden. Diese Enthalpieerhöhung ist somit dem zugeführten Wärmestrom gleichzusetzen (siehe Gl. 5.16). Der effektive Wärmeübergangskoeffizient bestimmt sich dann aus Gl. 5.17. Für den Vergleich mit den Makroporositätsergebnissen beziehen wir uns auf die aus den Mikrostrukturergebnissen approximierte Funktion mit den entsprechenden Parametern je Porosität und Fluid. Die ermittelten Porositätsparameter sind in Abschnitt 5.3.2 dargestellt. Die berechneten Porositätswerte sind aus den Tabellen 5.11 und 5.12 zu lesen.

Wie wir in Kapitel 5.3 feststellen konnten, lassen sich mit einer geringen Abweichung die Ergebnisse aus den Mikrostrukturberechnungen gut approximieren und empirische Funktionen für die jeweilige Porosität und das modellierte Fluid ableiten. Dies betrifft nicht nur den zuvor behandelten Druckverlust, sondern auch den Wärmeübergangskoeffizienten.

Im Zusammenhang mit den CFD-Ersatzmodellen allerdings zeigt uns Abb. 6.2, dass der effektive Wärmeübergangskoeffizient z.B. im Falle des Metallschaums erheblich überschätzt wird. Dies kann an Abb. 6.8 verdeutlicht werden. Die anhand des CFD-Ersatzmodells berechneten effektiven Wärmeübergangskoeffizienten für Flüssigkeiten erreichen Werte, die weit oberhalb der Werte aus den Mikrostrukturberechnungen liegen. Der grundsätzliche Kurvenverlauf in Abhängigkeit der Zuström Reynolds-Zahl Re_e ist aber ähnlich. Bei den modellierten Gasen Luft und Methan sind die Unterschiede allerdings sehr viel größer als bei den modellierten Flüssigkeiten.

Im Falle des Abstandsgewirkes zeichnet sich ein anderes Verhalten des Wärmeübergangskoeffizienten ab. Abb. 6.9 zeigt die berechneten Werte aus dem CFD-Ersatzmodell und den approximierten Mikrostrukturergebnissen (Approximations-Gl.). Für das Abstandsgewirke liegen nun die berechneten Wärmeübergangskoeffizienten unterhalb der Werte aus den Mikrostrukturberechnungen. Bei den modellierten Flüssigkeiten ist der

Kurvenverlauf wie schon bei der Metallschaumprobe beobachtet sehr ähnlich, aber auf einem niedrigeren Niveau. Bei den modellierten Gasen allerdings ist auch der Kurvenverlauf gegenüber den Ergebnissen aus den Mikrostrukturberechnungen erheblich flacher bei höheren Reynolds-Zahlen und mit einem steileren Anstieg bei laminarer Zuströmung.

Für den medizinischen Filter, der gegenüber den anderen drei Porositätsproben aufgrund seiner kleinen geometrischen Abmessung und kleinen Porengröße eine Ausnahme darstellt, zeigt sich nur bei den modellierten Flüssigkeiten eine relativ gute Übereinstimmung der Ergebnisse. Größere Abweichungen lassen sich im Falle der modellierten Gase beobachten. Abb. 6.10 zeigt den Vergleich der erzielten Ergebnissen aus den beiden Modellansätzen. Der Kurvenverlauf zeigt starke Unterschiede insbesondere bei kleinen Reynolds-Zahlen. Bei zunehmender Reynolds-Zahl zeigen sich ebenfalls Diskrepanzen im weiteren Kurvenverlauf. Die Größenordnung des berechneten Wärmeübergangskoeffizienten ist zumindest bei höheren Reynolds-Zahlen als ähnlich zu bezeichnen.

Die erzielten Ergebnisse für das Shifted Grid sind tendenziell sehr ähnlich zu den Metallschaumergebnissen. Bei Flüssigkeiten ist eine hohe Abweichung zu beobachten, der Kurvenverlauf ist aber ähnlich (siehe Abb. 6.11). Bei den modellierten Gasen sind die Unterschiede gravierend, wobei auch hier im Vergleich zur Metallschaumprobe im Kurvenverlauf eine ähnliche Tendenz zu beobachten ist. Im Abschnitt 6.3.3 widmen wir uns einer Analyse der beobachteten Unterschiede zwischen den Ergebnissen aus den Mikrostrukturberechnungen und den Makroporositätsberechnungen anhand des CFD-Ersatzmodells.

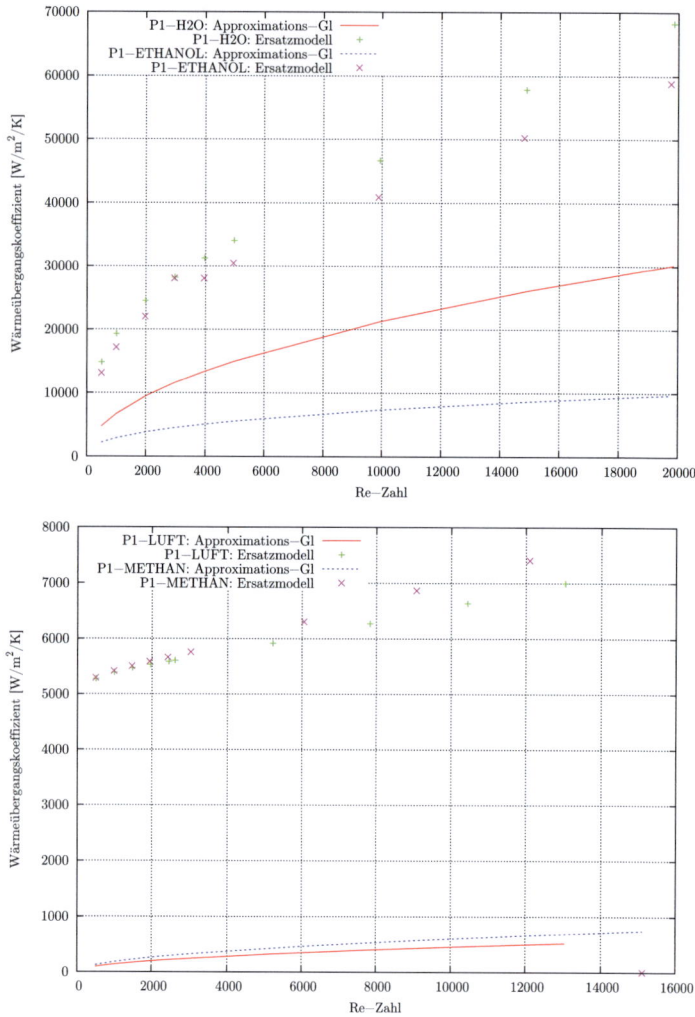

Abb. 6.8.: Berechneter eff. Wärmeübergangskoeffizient für die Metallschaumprobe P1 (Wasser, Ethanol, Luft, Methan)

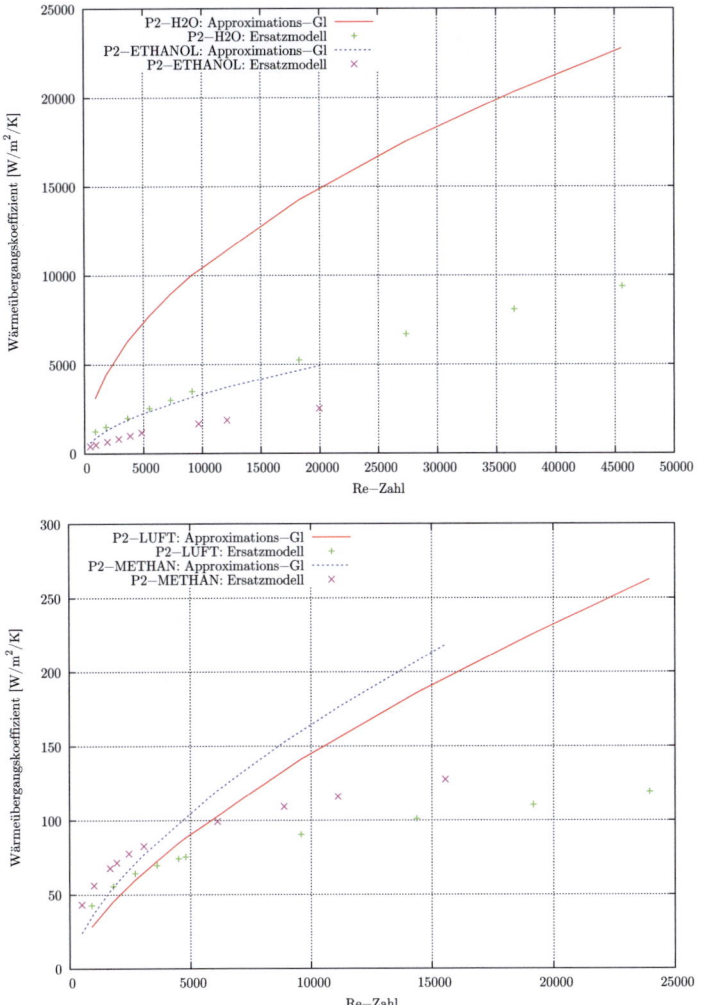

Abb. 6.9.: Berechneter eff. Wärmeübergangskoeffizient für das Abstands-gewirke P2 (Wasser, Ethanol, Luft, Methan)

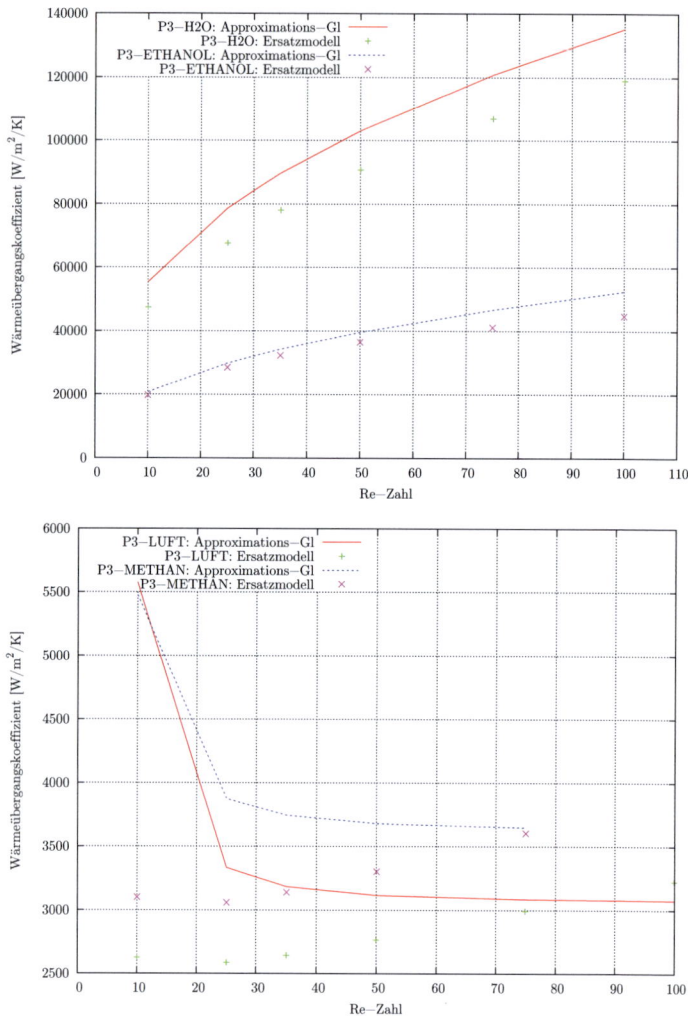

Abb. 6.10.: Berechneter eff. Wärmeübergangskoeffizient für die Filterprobe P3 (Wasser, Ethanol, Luft, Methan)

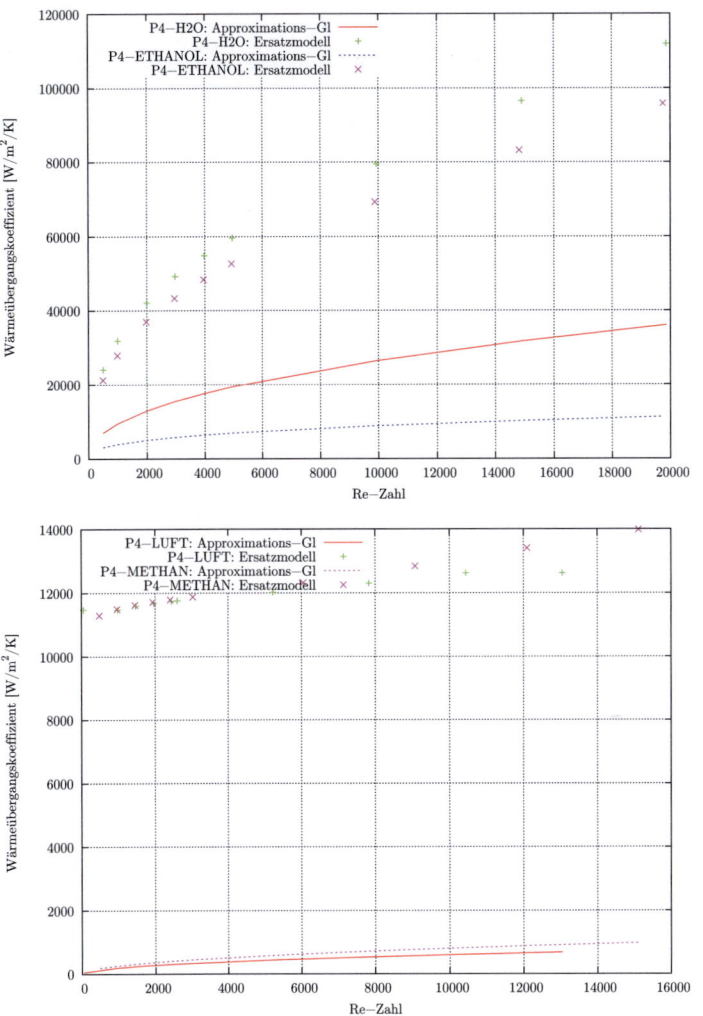

Abb. 6.11.: Berechneter eff. Wärmeübergangskoeffizient für das Shifted Grid P4 (Wasser, Ethanol, Luft, Methan)

6.3.3. Modellanalyse zum konvektiven Wärmetransport

Auf den ersten Blick müssen wir den Eindruck gewinnen, dass das eingesetzte CFD-Verfahren für die Vorhersage des Wärmeübergangs in einer porösen Region über nicht ausreichend detaillierte Modelle zur Beschreibung des Energietransportes verfügt. Analysieren wir die Modellansätze für poröse Medien (Makroporositätsmodelle) etwas näher. Betrachten wir die in CFD implementierte Energiegleichung (siehe Gl. 6.8) etwas genauer. Gleichung 6.12 zeigt den Term q_h aus der Energiegleichung zur Erklärung erneut.

$$q_h = \left(\underbrace{\lambda_e}_{\text{effekt. Wärmeleitfähigkeit}} + \underbrace{\mu_t c_p/(\sigma_T)_\Phi}_{\text{turbulente Wärmeleitfähigkeit}} \right) \text{grad } T \quad (6.12)$$

Insgesamt gehen in den Quellterm q_h folgende Größen ein:

- effektive Wärmeleitfähigkeit nach Gl. 6.10

- $\lambda_t = \frac{\mu_t c_p}{(\sigma_T)_\Phi}$, Einfluß der Turbulenz auf den Wärmetransport, kann als zusätzliche durch die Turbulenz induzierte Wärmeleitfähigkeit aufgefasst werden

- grad T, Temperaturgradient pro Längenänderung

Effektive Wärmeleitfähigkeit

Da die beiden Terme λ_e und λ_t addiert werden, stellt sich die entscheidende Frage, welche der beiden Größen unter welchen Bedingungen einen höheren Einfluß auf den Gesamtterm q_h hat. Im Zusammenhang mit der effektiven Wärmeleitfähigkeit λ_e wird wie bereits erwähnt zur Berechnung beim CFD-Ersatzmodell Gl. 6.10 anstatt der erweiterten Gleichung 3.46 nach Bhattacharya [84] verwendet.

Die Anwendung von Gl. 6.10 führt zu einer Überschätzung der effektiven Wärmeleitfähigkeit in der porösen Region. Außer über die Wärmeleitfähigkeit der porösen Struktur kann auf die Berechnung der effektiven Wärmeleitfähigkeit kein Einfluß genommen werden. Zur Veranschaulichung der Problematik sei ein Rechenbeispiel angeführt.

Nehmen wir an, dass es sich bei der Porosität um einen Metallschaum handelt, der eine Porosität $\Phi = 0.923$ aufweist. Der Metallschaum sei aus Aluminium mit einer Wärmeleitfähigkeit von $\lambda_s = 237 \frac{W}{mK}$ und wird mit Wasser mit der Wärmeleitfähigkeit von $\lambda_f = 0.6 \frac{W}{mK}$ durchströmt. Gleichung 6.10 liefert uns eine effektive Wärmeleitfähigkeit von $\lambda_e = 18.8 \frac{W}{mK}$, während Gleichung 3.46 uns einen Wert für die effektive Wärmeleitfähigkeit von $\lambda_e = 7.35 \frac{W}{mK}$ liefert. Die Korrekturfaktoren f_A der Gleichung 3.46 sind in Tabelle 5.4 in Kapitel 5.1 dargelegt. Die numerisch ermittelte effektive Wärmeleitfähigkeit durch Berechnungen mit dem Mikrostrukturmodell von Metallschaum führt zu einer effektiven Wärmeleitfähigkeit von $\lambda_e = 7.44 \frac{W}{mK}$ (siehe Tabelle 5.1) und liegt damit in vergleichbarer Größenordnung wie anhand der analytischen Korrelation von Bhattacharya aufgezeigt.

Fazit ist, dass zur Verbesserung des Modellansatzes eine modifizierte Wärmeleitfähigkeit für die Struktur der Porosität definiert werden muß, um die effektive Wärmeleitfähigkeit der Porosität korrekt berechnet zu bekommen. Daher wurde im Zusammenhang mit den Makroporositätsmodellen eine virtuelle Wärmeleitfähigkeit aus der analytischen Korrelation von Bhattacharya abgeleitet. Unter der Annahme, dass die ermittelte effektive Wärmeleitfähigkeit aus der analytischen Korrelation korrekt ist, kann die vereinfachte Gleichung 6.10 bei gegebener effektiver Wärmeleitfähigkeit nach der Wärmeleitfähigkeit der Struktur λ_s umgestellt werden.

$$\lambda_s = \frac{\lambda_e - \Phi \cdot \lambda_f}{1 - \Phi} \tag{6.13}$$

Wenden wir nun Gleichung 6.13 auf unser o.g. Beispiel ($\lambda_e = 7.35 \frac{W}{mK}$) an, so stellen wir fest, dass für λ_s ein erheblich geringerer Wert, nämlich $\lambda_s = 88.26 \frac{W}{mK}$ zustande kommt. Wird die modifizierte Wärmeleitfähigkeit für die Struktur der Porosität in StarCCM+ (bei anderen CFD-Codes ist dies in der Regel ebenso durchzuführen) verwendet, so wird die effektive Wärmeleitung für die poröse Region korrekt berechnet. Die Methodik zur Berechnung der modifizierten Wärmeleitfähigkeit für die poröse Struktur wie beschrieben, wurde auf alle Berechnungen mit dem Makroporositätsmodell angewendet. Die Ergebnisse zeigen trotzdem die in Abschnitt 6.3.2 dargestellten großen Diskrepanzen im Vergleich zu den Ergebnissen aus den Mikrostrukturberechnungen. Halten wir an dieser Stelle fest, dass die effektive Wärmeleitfähigkeit demnach nicht direkt in den Quellterm q_h eingehen sollte, sondern ein Korrekturfaktor in Abhängigkeit der Porosität notwendig ist.

Effektive turbulente Wärmeleitfähigkeit

Bei der Berechnung der effektiven turbulenten Wärmeleitfähigkeit λ_t gehen im Wesentlichen Stoffdaten ein, die im Falle von μ_t und σ_T bereits Schwankungsanteile aus dem Tubulenzmodell enthalten, während im Falle der Wärmekapazität c_p dies nicht der Fall ist. Um eine Größenordnung für λ_t abzuschätzen, können aus dem Postprozessor des CFD-Solvers bzw. aus [49, 83, 1] einige Werte am Beispiel Methan ermittelt und eingesetzt werden. Unter der Annahme einer turbulenten Viskosität von $\mu_t = 1.2 \cdot 10^{-5}\ Pa\ s$, einer Wärmekapazität von $c_p = 2220\ J/kg/K$ und einer turbulenten Prandtl-Zahl von $\sigma_T = 1.3$ kann für λ_t ein Wert von $2.049 \cdot 10^{-2}\ W/m/K$ berechnet werden. An dieser Stelle sei grundsätzlich nochmals erwähnt, dass in fast allen gängigen CFD-Codes die Turbulenzmodelle im Zusammenhang mit der Momentumgleichung kalibriert wurden [49, 82]. Dies bedeutet, dass der Einfluß der Turbulenz auf den Wärmetransport in der Regel nicht optimal implementiert ist (siehe Gl. 6.11). Fakt ist, dass die effektive turbulente Wärmeleitfähigkeit einen Beitrag zu q_h im Falle von Methan in einer Größenordnung 10^{-2} liefert, während die effektive Wärmeleitfähigkeit eine Größenordung von ca. 7 (z.B. bei Aluminiumschaum) aufweist und in die Berechnung von q_h eingeht.

Zusammenfassung

Es stellt sich die entscheidende Frage, wie sich die effektive Wärmeleitfähigkeit bei den modellierten Porositäten und Fluiden unterscheidet. Im

Falle der Porositätsproben P1 und P4 ist das Strukturmaterial Aluminium mit einer Wärmeleitfähigkeit von 237 $W/m/K$. Bei den Porositätsproben P2 und P3 beträgt die Strukturwärmeleitfähigkeit 0.23 $W/m/K$ bzw. 0.2 $W/m/K$. Die modellierten Fluide Wasser und Ethanol weisen eine Wärmeleitfähigkeit von ca. 0.6 $W/m/K$ bzw. 0.16 $W/m/K$ auf. Somit liegt die Wärmeleitfähigkeit der Struktur des Abstandsgewirkes P2 und des medizinischen Filters P3 in einer ähnlichen Größenordnung wie die Wärmeleitfähigkeit der Flüssigkeiten. Bei den Gasen liegt die Größenordnung der jeweiligen Wärmeleitfähigkeit bei Luft bei einem Werte von 0.026 $W/m/K$ und bei Methan liegt dieser Wert bei ca. 0.036 $W/m/K$. In Abschnitt 5.2.5 sind die berechneten effektiven Wärmeleitfähigkeiten für die verschiedenen Porositäten und Fluide in Tabelle 5.6 dargestellt. Aus ihr lassen sich die berechnete effektive Wärmeleitfähigkeit λ_e ablesen. Diese liegen insbesondere bei der Probe P2 und Probe P3 unterhalb des Wertes der Wärmeleitfähigkeit der beteiligten Struktur. Somit müssen wir bei der Bewertung der anhand des CFD-Ersatzmodells erzielten Ergebnisse folgendermaßen unterscheiden:

- $\lambda_e \leq \lambda_t$
- $\lambda_e > \lambda_t$

Im Falle, dass die effektive Wärmeleitfähigkeit λ_e größer als die effektive turbulente Wärmeleitfähigkeit λ_t ist, spielen die turbulenten Einflüsse eine geringere Rolle, wohingegen diese einen zunehmenden Einfluß auf q_h nehmen, wenn die effektive Wärmeleitfähigkeit λ_e geringer ist als λ_t. Beim mit Methan durchströmten textilen Abstandsgewirke, das eine effektive Wärmeleitfähigkeit von $\lambda_e = 5.2 \cdot 10^{-2}$ $W/m/K$ aufweist, während λ_t in der Größenordung $2 \cdot 10^{-2}$ liegt, ist $\lambda_e > \lambda_t$. Jedoch weisen beide Werte eine ähnliche Größenordnung auf und gehen daher näherungsweise im gleichen Maße in die Berechnung von q_h ein. Betrachten wir als weiteres Beispiel die Metallschaumprobe und ebenfalls wie beim Abstandsgewirke Methan als Fluid, so kann aus Tabelle 5.6 die effektive Wärmeleitfähigkeit von $\lambda_e = 6.76$ $W/m/K$ entnommen werden. Da die effektive turbulente Wärmeleitfähigkeit eine ähnlichen Größenordnung wie beim textilen Abstandsgewirke aufweist, wird deutlich, dass bei der Berechnung von q_h die effektive Wärmeleitfähigkeit dominiert. Dies erklärt die sehr großen Abweichungen des mit dem CFD-Ersatzmodells ermittelen effektiven Wärmeübergangskoeffizienten im Vergleich mit den Ergebnissen aus den Mikrostrukturberechnungen, während beim textilen Abstandsgewirke und auch beim medizinischen Filter zumindest die Größenordnung für α_e ähnlich ist. Zur Untermaucrung der Überlegungen wurde eine weitere Kennlinie für die Metallschaumprobe mit dem CFD-Ersatzmodell berechnet. Die Durchströmung wurde mit dem Fluid Methan modelliert, die Wärmeleitfähigkeit der Struktur wurde allerdings mit der Wärmeleitfähigkeit von PVC anstatt von Aluminium versehen. Abb. 6.12 zeigt die berechnete Kennlinie für den effektiven Wärmeübergangskoeffizienten in Abhängigkeit der Zuström Reynolds-Zahl Re_e.

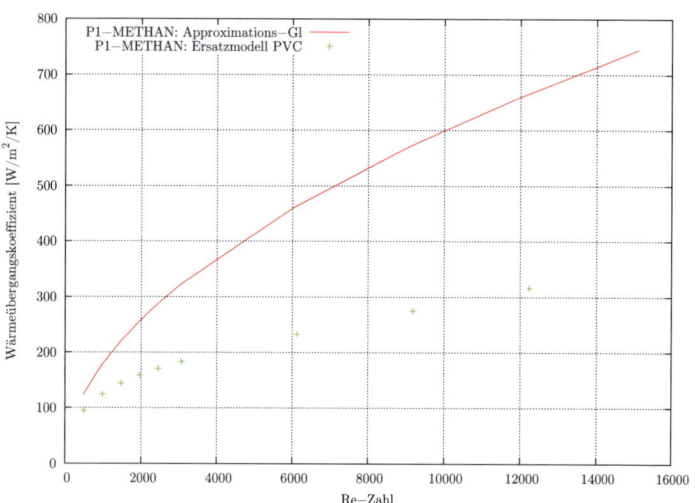

Abb. 6.12.: Berechneter eff. Wärmeübergangskoeffizient für die Metallschaumprobe P1 (Methan)

Im Vergleich zu Abbildung 6.8 zeigt sich eine deutliche Verbesserung der Ergebnisse mit dem CFD-Ersatzmodell. Zwar liegen jetzt die berechneten effektiven Wärmeübergangskoeffizienten unterhalb der Ergebnisse aus den Mikrosstrukturanalysen, aber dennoch beweist diese Kennlinie, dass in der Energieerhaltungsgleichung die effektive Wärmeleitfähigkeit λ_e mit einem Korrekturfaktor versehen werden muss. Der Einfluß der Turbulenz auf die Energiegleichung lässt sich allerdings nicht so einfach quantifizieren. Im Wesentlichen bedarf es der Analyse der turbulenten Viskosität im Vergleich zwischen dem Makroporositätsmodell und dem Mikrostrukturmodell. Hierzu sind die Abbildungen 6.13 und 6.14 sehr nützlich. Abbildung 6.13 zeigt die berechnete turbulente Viskosität für eine Reynolds-Zahl von $Re_e \simeq 10000$. Die maximale turbulente Viskosität liegt bei beiden Porositätsproben bei ca. $7 \cdot 10^{-4}$ $Pa\ s$ und ist diesbezüglich durchaus vergleichbar. Bei dem textilen Abstandsgewirke (siehe Abb. 6.13) zeigt sich grundsätzlich über das gesamte Porositätsgebiet eine erhöhte turbulente Viskosität. Die Abstandsfäden generieren demnach vermehrt Eddies im Vergleich zum Metallschaum.

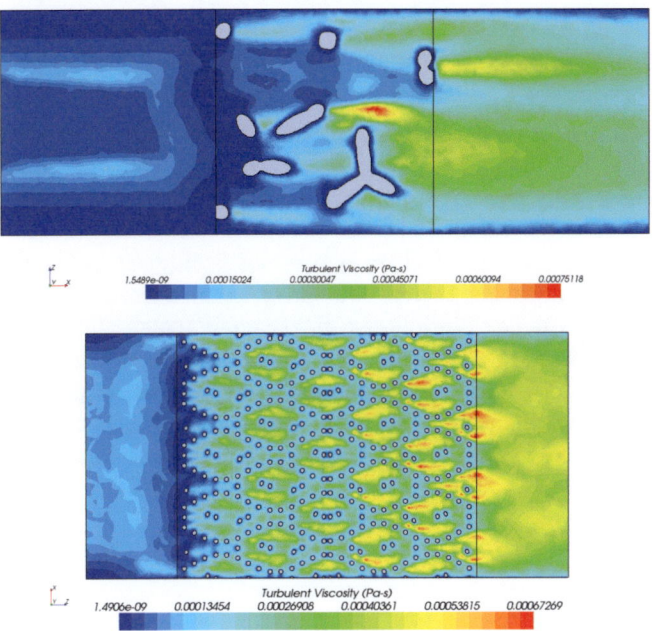

Abb. 6.13.: Mikrostrukturmodell: Berechnete turbulente Viskosität für den Metallschaum (oben) und das Abstandsgewirke (unten) bei $Re_e \simeq 10000$, Methan)

Beim CFD-Ersatzmodell zeigt sich ein anderes Bild hinsichtlich der turbulenten Viskosität (siehe Abb. 6.14), das durch die "verschmierte" Porosität verursacht wird. Hinsichtlich der Größenordnung für die turbulente Viskosität, dominiert die am Einlaß definierte turbulente Intensität von $T_u = 10$ %. Die Turbulenz wird im Bereich der Porosität nahezu vollständig vernichtet. Dies ist an dem nahezu schlagartigen Abklingen der turbulenten Viskosität zu sehen (siehe Abb. 6.14). Im Bereich der Porosität ist eine turbulente Viskosität in der Größenordnmung von $\mu_t = 10^{-5}$ zu beobachten und fällt damit um eine Größenordnung geringer als beim Mikrostrukturmodell aus. Somit wird der turbulente Effekt, der in Abb. 6.13 zu sehen ist und durch die "Störkörper" Stege und Filamente zustandekommt, unterschätzt. Damit geht in den Quellterm q_h der Energiegleichung ein zu geringer Anteil aus der Turbulenz ein. Da aber die effektive Wärmeleitfähigkeit sich drastisch bei den beiden Porositätsproben unterscheidet, fällt der Wärmetransport insbesondere beim Metallschaum viel zu hoch aus.

Zusammenfassend bedeutet dieses Ergebnis, dass das CFD-Ersatzmodell hinsichtlich der implementierten Energieerhaltungsgleichung noch verbesserungswürdig ist. Dies betrifft zum Einen den empirischen Ansatz für das Turbulenzmodell (siehe Gl. 6.11) für poröse Regionen und zum Anderen den Ansatz der effektiven Wärmeleitfähigkeit in der Energieerhaltungsgleichung 6.8. Durch eine Integration eines Korrekturfaktors könnte zumindest der Einfluß der effektiven Wärmeleitfähigkeit auf ein sinnvolles Maß reduziert werden. Im Zusammenhang mit der Turbulenz sollte ein erweitertes Turbulenzmodell für den Wärmetransport implementiert werden. Ein sicherlich erheblich verbesserter Weg zur Modellierung des Wärmeübergangs in porösen Regionen wäre der zwei-Gleichungsansatz, wie in Abschnitt 3.5.3 dargelegt.

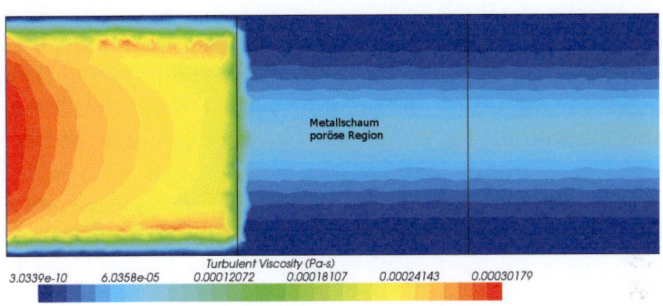

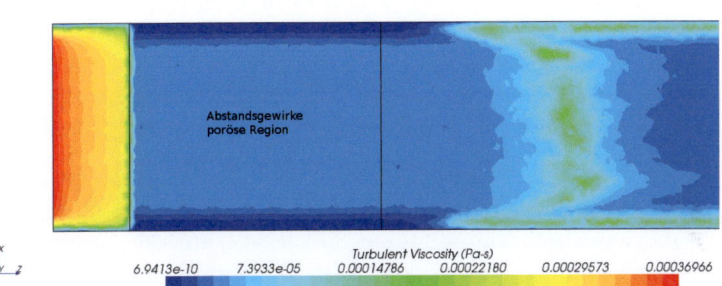

Abb. 6.14.: Makrostrukturmodell: Berechnete turbulente Viskosität für den Metallschaum (oben) und das Abstandsgewirke (unten) (bei $Re_e \simeq 10000$, Methan)

6.3.4. Strömungsverteilung im Dach des "Eisbärgebäudes"

Im Rahmen des Forschungsvorhabens "Energieeffizientes Textiles Bauen mit Transparenter Wärmedämmung für die solarthermische Nutzung nach dem Vorbild des Eisbärfells" wurde ein Gebäude, das "Eisbärgebäude" [13] in Denkendorf errichtet, das ein textiles, durchströmbares Dach zur Energiegewinnung aufweist. Das Gebäude weist eine Funktionsdachfläche von ca. 100 m^2 auf, wobei die Funktionsfläche in durchströmbare Funktionsbahnen unterteilt ist, auf die ein Gesamtvolumenstrom zur verbesserten Strömungsführung aufgeteilt wird. Der Gesamtvolumenstrom wird über eine Verteilerrohrleitung auf die einzelnen Funktionsbahnen aufgeteilt und über eine Sammelleitung werden die Teilvolumenströme wieder zusammengeführt. In den Funktionsbahnen befindet sich das hier behandelte textile Abstandsgewirke.

Da die Einzelbahnen zwischen $L_{min} = 7.5\ m$ und $L_{max} = 9\ m$ lang sind, konnte das komplette Dach nicht als Mikrostrukturmodell berechnet werden. Dies hätte zu extrem großen Berechnungsmodellen geführt. Der hier in dieser Arbeit berechnete Ausschnitt des textilen Abstandsgewirke als Mikrostrukturmodell hat eine Länge $L_M = 598\ mm$ und bereits für dieses Modell werden mehr als vier Millionen Berechnungszellen benötigt. Daher war es naheliegend den Makroporositätsansatz auf diese Anwendung zu übertragen.

Da das textile Abstandsgewirke gleichzeitig durch eine ETFE-Folie auf der Oberseite und eine schwarze Silikonfolie auf der Unterseite gegen Witterungseinflüsse eingeschlossen ist, bilden sich, wie bereits erwähnt, durchströmbare Bahnen aus. Diese Bahnen werden gezielt mit Luft durchströmt, um die durch das transluzente Textil eindringende Energie (solare Strahlung), die zu einer Erwärmung der schwarzen Unterseite führt, wieder abzuführen und einem Silikagelspeicher zuführen zu können.

Messungen im Sommer 2013 haben gezeigt, dass die schwarze Folie eine Temperatur bis zu $T_w = 150°C$ erreicht. Die Luft unterliegt damit neben dem Druckabfall, der durch das Abstandsgewirke zustandekommt, ebenso einer Temperatureinwirkung, die zu einer Erwärmung der Luft mit thermischem Einfluß auf die Stoffdaten führt. Zur Auslegung des Betriebs der Anlage ist eine geeignete Auswahl eines Lüfters obligatorisch. Anhand der in dieser Arbeit dargelegten Mikrostrukturanalysen und den entsprechend abgeleiteten Porositätsparametern, konnte ein CFD-Ersatzmodell des Dachs erstellt und die Durchströmung mit Wärmetransport berechnet und somit die wesentlichen Eckdaten für die Auswahl eines Lüfters geschaffen werden. Abbildung 6.15 zeigt das Eisbärgebäude mit integriertem Berechnungsergebnis für die Druckverteilung. Das Berechnungsergebnis basiert auf einer bereits optimierten Geometrie für die Zu- und Ablaufverrohrung, das Verteilungssystem sowie die Funktionsbahnen aus Abstandsgewirke. Alle Optimierungsschritte konnten erfolgreich mit dem CFD-Ersatzmodell durchgeführt werden.

Abb. 6.15.: Berechnete Druckverteilung am Beispiel des mit Luft durchströmten Dachs des Eisbärgebäudes

Tabelle 6.1 zeigt die für die einzelnen Bahnen ermittelten physikalischen Größen. Da die Funktionsbahnen eine unterschiedliche Länge aufweisen, ist der Volumenstrom je Einzelbahn nicht identisch. Dies kann auch sehr gut an den Reynolds-Zahlen abgelesen werden. In allen Bahnen

| Kanal | L | Re | $\dot{V}$ | u | dp |
Einheit	$[m]$	$[-]$	$[m^3/h]$	$[m/s]$	$[Pa]$
1	7.5	530.23	30.77	0.569	1067.7
2	8.25	577.14	33.49	0.620	1067.7
3	8.8	559.27	32.48	0.601	1069.0
4	9	562.62	32.65	0.604	1070.4
5	8.8	566.89	32.89	0.609	1072.7
6	8.25	576.76	33.47	0.619	1075.3
7	7.5	534.98	31.04	0.574	1079.7

Tab. 6.1.: Berechnungsergebnisse für die Einzelbahnen des Eisbärgebäudes

liegen laminare Strömungsverhältnisse vor. Da die Verrohrung noch einen weiteren Druckverlust produziert, konnte insgesamt ein Druckverlust von ca. $dp = 1500\ Pa$ ermittelt werden (für den Maxfall), der letzten Endes als Grenzwert für die Auslegung des Lüfters herangezogen wurde.

7. Zusammenfassung und Ausblick

7.1. Wesentliche Ergebnisse

Zur Berechnung von Strömungs- und Wärmeübergangsphänomenen stehen kommerzielle und nicht-kommerzielle Strömungslöser (CFD-Verfahren) zur Verfügung, mit denen die Navier-Stokes-Gleichungen sowie die Energieerhaltungs- und Turbulenzgleichungen numerisch gekoppelt gelöst werden können. Die im Rahmen dieser Arbeit durchgeführten Berechnungen basieren allesamt auf dem CFD-Solver StarCCM+. Ziel der durchgeführten Simulationsstudie, die als numerisches Experiment verstanden werden kann, ist die Analyse der effektiven Wärmeleitung, des Druckverlustes und des Wärmeübergangs für poröse Strukturen. Als Ausgangsbasis wurden vier poröse Strukturen aus der Technik ausgewählt und im Detail durch eine geeignete numerische Auflösung (Diskretisierung) des Struktur- und des umgebenden Fluidvolumens in einem Berechnungsmodell abgebildet, das als Mikrostrukturmodell benannt wurde. Als poröse Medien wurden aus aktuellem Anlaß folgende Porositäten abgebildet:

- Offenporiger Metallschaum; wird seit einigen Jahren intensiv als Wärmeübertrager diskutiert.

- Textiles Abstandsgewirke; durch seine transluzenten Eigenschaften wird dieses aktuell als durchströmbarer Solarabsorber und als Nebelfänger untersucht.

- Sartobind Membran: ein medizinischer Filter, der insbesondere als Virenfilter, teilweise auch als modifizierte Membran für Brennstoffzellen eingesetzt wird.

- Shifted Grid: Ein bislang in der Technik nicht umgesetztes Bauteil, das sich aber durch folgende Eigenschaften auszeichnet: Große innere Oberfläche, gießbar (Al), geringe Herstellkosten.

7.1.1. Effektive Wärmeleitfähigkeit

Für die o.g. porösen Materialien wurden numerische Experimente durchgeführt. Zur Ermittlung der effektiven Wärmeleitfähigkeit wurden verschiedene Fluid-Struktur-Kombinationen auf Basis der Mikrostrukturmodelle (ausser Shifted Grid) mit einer definierten Temperaturrandbedingung berechnet. Aus diesen Berechnungen konnte ein Zusammenhang zwischen der Wärmeleitfähigkeit der Struktur und der effektiven Wärmeleitfähigkeit für die Porosität abgeleitet werden. Dieser lineare Zusammenhang ist in Kapitel 5.1 ausführlich beschrieben. Aus geeigneten Literaturquellen konnte weiterhin ein empirischer Zusammenhang zur Berechnung der effektiven Wärmeleitfähigkeit der untersuchten Proben abgeleitet werden. Das wesentliche Fazit aus den Mikrostrukturanalysen zur Bestimmung der effektiven Wärmeleitfähigkeit ist:

- Je höher die Wärmeleitfähigkeit der Struktur, umso höher ist die effektive Wärmeleitfähigkeit der Porosität.

- Die Wärmeleitfähigkeit des umgebenden Fluides spielt eine untergeordnete Rolle sofern die Wärmeleitfähigkeit der Struktur deutlich größer ist als die des Fluides.

- Bei identischem Strukturmaterial (für alle Proben) schneidet das Abstandsgewirke hinsichtlich der effektiven Wärmeleitfähigkeit am besten ab.

- Eine typische effektive Wärmeleitfähigkeit für eine AL-Fluid Kombination liegt in der Größenordnung von $6\,W/m/K$ bis ca. $16\,W/m/K$.

- Um eine höhere effektive Wärmeleitfähigkeit als für die o.g. Kombination erzielen zu können, muß die Wärmeleitfähigkeit des Strukturmaterials höher sein als es bei Al der Fall ist (z.B. Kupfer).

Eine sehr gute empirische Korrelation zur Berechnung der effektiven Wärmeleitfähigkeit für die untersuchten Porositäten [84] ist in Gl. 7.1

dargestellt. Der Korrekturfaktor f_A wurde anhand der Ergebnisse aus den Mikrostruktursimulationen angepasst. Die Werte hierfür sind in Tabelle 5.4 dargelegt.

$$\lambda_e = f_A \cdot (\Phi \cdot \lambda_f + (1 - \Phi)\lambda_s) + \frac{1 - f_A}{\frac{\Phi}{\lambda_f} + \frac{1-\Phi}{\lambda_s}} \qquad (7.1)$$

7.1.2. Zentrale Ergebnisse aus den Mikrostrukturberechnungen

Zur Simulation der Strömung durch die genannten modellierten Porositäten wurde das Mikrostrukturmodell um einen Vorlauf und Nachlauf erweitert. Die Durchströmung der vier Porositätsproben wurde mit den Fluiden *Wasser, Ethanol, Luft* und *Methan* realisiert, um den Einfluß der temperaturabhängig modellierten Stoffeigenschaften quantifizieren zu können. Als Strömungsrandbedingungen wurde für jedes Fluid und für jede Porosität die Zuström Reynolds-Zahl Re_e variiert, um somit ein Ähnlichkeit der Strömung zu realisieren. Hinsichtlich der thermischen Randbedingung wurde an der Mantelfläche der Porosität die Temperatur gleichbleibend fixiert. Die Einlaßtemperatur betrug bei allen Lastfällen $T_e = 20\ ^\circ C$. Wesentliches Ziel dieser Untersuchung war Kennlinien für den Druckverlust und den effektiven Wärmeübertragungskoeffizienten abzuleiten und daraus Ersatzparameter für die jeweilige Porosität und das jeweilige Fluid zu bestimmen.

Druckverlust

Für alle modellierten Porositäten konnten Kennlinien für den Druckverlust für das jeweilige Fluid abgeleitet werden. Darüberhinaus war es möglich laminare und turbulente Anteile des Druckverlustes zu extrahieren und den erzielten Druckverlust vergleichend für die verschiedenen Fluide zu analysieren. Weiterhin konnte durch eine geeignete Approximation der berechneten Druckverluste eine empirische Korrelation für Überschlagsrechnungen für die jeweilige Porosität abgeleitet werden. Der Ansatz für die empirische Korrelation basiert auf dem Darcy-Forchheimer-Ansatz und liefert im Vergleich mit den numerischen Ergebnissen aus den Mikrostruktursimulationen eine gute Übereinstimmung.

Der empirische Ansatz für den Druckverlust wurde wie folgt definiert:

$$\Delta p = l_p \cdot (-a_k \cdot v - b_K \cdot v^2) \tag{7.2}$$

Die Koeffizienten a_k und b_k für die jeweilige Kombination Porosität / Fluid sind in Kapitel 5.3 dargestellt. Die Ersatzwerte stellen gleichzeitig die Inputgrößen für den Makroporositätsansatz dar, bei dem die Porosität nicht mehr im Detail aufgelöst wird, sondern als poröse Region ohne die Abbildung der Struktur definiert wird. Dieses Makroporositätsmodell ist ein CFD-Ersatzmodell, wobei bei diesem ebenfalls die kompletten Navier-Stokes-Gleichungen sowie die Energie- und Turbulenzgleichungen gelöst werden. Die Ausnahme stellt die poröse Region dar. In diesem Gebiet werden dann modifizierte Erhaltungsgleichungen gelöst. Die Grundlagen hierfür sind ausführlich in Kapitel 6 dargelegt. Weiterhin wurde der Temperatureinfluß auf den Druckverlust quantifiziert. Es konnte festgestellt werden, dass der Druckverlust für das betrachtete physikalische Szenario nur einen geringen Einfluß von der Temperatur (temperaturabhängige Stoffdaten) aufweist. Wesentliches Fazit aus den durchgeführten Mikrostrukturanalysen zur Ermittlung von Druckverlustkennlinien und deren Approximation zur Definition empirischer Korrelationen sind:

- Anhand der Mikrostruktursimulationen lassen sich Druckverlustkennlinien mit plausiblen Zusammenhängen zwischen der Porosität und dem jeweiligen Fluid herstellen.

- Die Approximation des Druckverlustes mit dem Darcy-Forchheimer Ansatz liefert eine gute Übereinstimmung zwischen den numerischen Druckverlustwerten und den empirisch ermittelten Werten.

- In dem betrachteten Temperaturbereich ist nur eine geringfügige Abhängigkeit des Druckverlustes von der Temperatur zu beobachten.

- Das Druckverlustverhältnis von Druckverlust mit und ohne Porosität zeigt für die jeweilige Porosität für alle modellierten Fluide einen sehr ähnlichen Verlauf für die laminare und turbulente Strömungsform.

Wärmeübergangskoeffizient

Analog zu den Druckverlustkennlinien wurden Kennlinien für den Wärme-übergangskoeffizienten in Abhängigkeit der Zuström Reynolds-Zahl Re_e berechnet. Die anhand der Mikrosstrukturmodelle berechneten Kennlinien zeigen für alle modellierten Porositäten und Fluide einen plausiblen Verlauf. Der Wärmeübergangskoeffizient mit integrierter Porosität zeigt gegenüber den anhand der Gnielinski-Gleichung (siehe Gl. 3.70) ermittelten Werten nicht die erwartete Erhöhung des Wärmeübergangskoeffizienten. Dieser wird mit integrierter Porosität im Schnitt um einen Faktor drei (beim Shifted Grid) vergrößert. Die aus den virtuellen Modellen abgeleitete wärmeübertragende Fläche ist beim Metallschaum gerademal einen Faktor zwei größer als die Mantelfläche. Diese größere Wärme übertragende Fläche bestimmt näherungsweise den Faktor für die Vergrößerung des Wärmeübergangskoeffizienten. Der Grund für die unzureichende Ausnutzung der vergrößerten Oberfläche ist die teilweise Begrenzung des Wärmeeindringverhaltens in die poröse Struktur. Die Metallschaumstege z.B. sind zu dünn, um in radialer Richtung ausreichend Wärme transportieren zu können. Beim Shifted Grid ist dies zwar günstiger, da die Stege auch dicker sind, aber je schneller das Fluid strömt, umso eher wird die Energie unmittelbar in Wandnähe wieder abgetragen. Bei den anderen Porositätsproben wie medizinischer Filter und textiles Abstandsgewirke sind ähnliche Effekte zu beobachten.

Die Approximation der berechneten Kennlinien für den Wärmeübergangs-koeffizienten konnten erfolgreich anhand folgender, bereits vereinfachter Korrelation realisiert werden:

$$\alpha_e = \underbrace{\frac{\lambda_\Phi}{d_h} \cdot a \cdot Pr_\Phi^c}_{a^*} \cdot Re_K^b + d \quad \text{mit} \quad \left\{ \begin{array}{rcl} c & = & 1 \\ d & = & 0 \text{ bei P1, P2 und P4} \\ d & \neq & 0 \text{ bei P4} \end{array} \right\}$$

$$(7.3)$$

Die Koeffizienten a, b, c, d für den empirischen Ansatz sind in Kapitel 5.3 dokumentiert. Eine stärkere Temperaturabhängigkeit der beteiligten Größen konnte in dem modellierten Temperaturbereich nicht beobachtet werden, allerdings ist der Temperatureinfluß bei den Gasen grundsätzlich höher als bei den Flüssigkeiten. Im Falle, dass erheblich höhere Temperaturrandwerte durch z.B. Verbrennungsvorgänge etc. entstehen (bei einer realen Applikation) muß der Koeffizient c ebenfalls durch eine geeignete Approximierung bestimmt werden. Die Übereinstimmung der mit o.g. Gleichung approximierten Werte im Vergleich zu den berechneten effektiven Wärmeübergangskoeffizienten auf Basis der Mikrostrukturanalysen ist für alle modellierten Porositäten und Fluide gut. Weitere Verbesserungen der Korrelation durch die Berücksichtigung von turbulenten Effekten durch entsprechende turbulente Größen wie die turbulente Prandtl-Zahl bzw. die turbulente Viskosität wird für Reynolds-Zahlen $Re_e \geq 50000$ als sinnvoll erachtet. Die berechneten effektiven Wärmeübergangskoeffizienten können für die CFD-Ersatzmodelle nicht direkt verwendet werden. Ausschließlich die effektive Wärmeleitfähigkeit geht in das CFD-Ersatzmodell ein und wird dort in der modifizierten Energiegleichung verwendet. Die wesentlichen Ergebnisse können wie folgt zusammengefaßt werden:

- Anhand von Mikrostruktursimulationen können plausible Kennlinien für den effektiven Wärmeübergansgkoeffizienten berechnet werden.

- Die Erhöhung des effektiven Wärmeübergangskoeffizienten durch die Porosität fällt geringer als erwartet aus.

- Der Preis für einen ca. zweifachen Wärmeübergang ist wegen des erheblich höheren Druckverlustes gegenüber einem Leerrohr relativ hoch.

- Die abgeleitete empirische Korrelation liefert eine recht gute Approximation des effektiven Wärmeübergangskoeffizienten für alle Porositäten und modellierten Fluide.

- Bei sehr kleinen Reynolds-Zahlen ist die Temperaturabhängigkeit der Stoffdaten eher relevant als bei großen Reynolds-Zahlen.

- Bei sehr großen Reynolds-Zahlen ist eine Erweiterung der empirischen Korrelation notwendig (Zunahme der Turbulenzanteile).

- Die empirischen Korrelationen können mit ausreichender Genauigkeit für Überschlagsrechnungen für die modellierten Porositäten angewendet werden.

7.1.3. Zentrale Ergebnisse aus den Makroporositätsberechnungen

Makroporositätsmodelle (CFD-Ersatzmodelle) sind immer dann notwendig, wenn reale Applikationen Dimensionen annehmen, die mit einem Mikrostrukturmodell aufgrund zu vieler Berechnungszellen nicht mehr abgebildet werden können. Daher haben diese für die Ingenieurspraxis eine enorme Bedeutung. Allerdings ist die Kalibrierung der Porositätsparameter unabdingbar, wenn die Ersatzmodelle mit großer Sicherheit Auslegungsdaten liefern sollen. In der Regel wird dies durch Experimente realisiert, wobei oftmals Experimente nicht ausreichend flexibel sind, um unterschiedliche Porositäten zu erproben und um ebenfalls verschiedene Fluide im Zusammenspiel mit der Durchströmung einer Porosität untersuchen zu können. Der Mikrostrukturansatz ist eine mögliche Ergänzung und nach ausreichender Validierung gegebenenfalls auch ein Ersatz für die Laborexperimente. Die wesentlichen Größen, die ein CFD-Ersatzmodell zur Modellierung einer porösen Region benötigt sind die Widerstandsbeiwerte $(a_k = \mu/K,\ b_k = \varrho c_f/\sqrt{K})$ und die effektive Wärmeleitfähigkeit (λ_e) einer Porosität. Für poröse Regionen weisen die gängigsten CFD-Codes modifizierte Erhaltungsgleichungen auf (siehe hierzu Kapitel 6). Im Rahmen dieser Arbeit wurden diese anhand gezielter Vergleiche mit den Ergebnissen aus den Mikrostrukturberechnungen überprüft, um deren Einsatzfähigkeit für reale Applikationen qualifizieren und um Verbesserungsvorschläge unterbreiten zu können.

Im Zusammenhang mit dem Druckverlust und dem Wärmeübergang lassen sich folgende wesentliche Erkenntnisse aus den Vergleichsrechnungen ableiten:

- Die Übereinstimmung zwischen den Ergebnissen aus den Mikrostrukturberechnungen und den Makroporositätsberechnungen sind bedingt für den Druckverlust akzeptabel.

- Die Ursache für die vorhandenen Abweichungen sind im Temperatureinfluß auf die Stoffdaten zu suchen.

- Ein Vergleich der Temperaturfelder bei gleicher Reynolds-Zahl zeigt einen erheblich verstärkten Wärmeeintrag ins Fluid als bei den Mikrostrukturmodellen.

- Dieser verstärkte Wärmeeintrag ist bei den modellierten Gasen sehr ausgeprägt und bei den Flüssigkeiten ausgeprägt.

- Durch die damit verbundene Stoffveränderung weicht der Druckverlust teilweise von den Kennlinien aus den Mikrostrukturberechnungen ab.

- Der Wärmeübergang wird ohne Modifikation des Quellterms q_h unzureichend genau abgebildet.

- Der Grund hierfür ist das unzureichende Turbulenzmodell und der Grad des Einflusses der effektiven Wärmeleitfähigkeit für die poröse Region.

- Eine Erweiterung des Lösungsverfahrens für die Energiegleichung ist wünschenswert, zu empfehlen wäre der Zwei-Gleichungs-Ansatz (eine Energiegleichung für das Fluid und eine Energiegleichung für die virtuelle Struktur).

- Die CFD-Ersatzmodelle zur Berechnung von realen Applikationen können unter folgenden Voraussetzungen eingesetzt werden:

  – Für adiabate Systeme wird der Druckverlust ausreichend genau vorhergesagt.

  – Für nicht-adiabate Systeme ist die Vorhersage des Druckverlustes noch akzeptabel, ein Fehler von bis zu 20 % aufgrund der thermischen Einflüsse auf die Stoffeigenschaften ist bei Auslegungsarbeiten zu berücksichtigen.

  – Für die Berechnung des effektiven Wärmeübergangskoeffizienten ist ein Korrekturfaktor in der Energiegleichung insbesondere bei metallischen porösen Strukturen vorzusehen. Bei Metallschaum konnte ein Korrekturfaktor von ca. 0.14 für den Wärmeleitungsterm in der Energiegleichung abgeschätzt werden. Der Korrekturfaktor muß in der Regel durch ein geeignetes Fitting (Parametervariationen) bestimmt werden.

- Der Makroporositätsansatz wurde an der Applikation *Eisbärbauten* erfolgreich erprobt (textiles Abstandsgewirke).

Während mit dem CFD-Ersatzmodell der Druckverlust ohne große Eingriffe akzeptabel abgebildet werden kann, so zeigen sich beim effektiven Wärmeübergangskoeffizienten ohne Korrektur in der Energieerhaltungsgleichung drastische, nicht akzeptable Abweichungen im Vergleich zu den Ergebnissen aus den Mikrostrukturberechnungen. Eine Erweiterung gemäß [28, 54, 87] auf das Zwei-Gleichungsmodell für die Energiegleichung ist sehr zu empfehlen, um den Wärmetransport bei CFD-Ersatzmodellen besser vorhersagen zu können. Dieser Ansatz ist vergleichbar mit dem dual-porosity-Ansatz, der bereits erfolgreich erprobt wurde [69]. Aufgrund der Analogie zwischen der Wärmeleitung und der Stoffdiffusion ist der Zwei-Gleichungs-Ansatz naheliegend. Zusammenfassend hat sich die Methode der *numerischen Experimente* bewährt und sollte für weitere Porositäten, Randbedingungen, Fluide etc. erprobt werden, um somit eine solide breite Basis an numerisch berechneten *experimentellen Daten* zu generieren, und damit die notwendigen Porositätsparameter für die empirischen Korrelationen bzw. für die CFD-Ersatzmodelle bereitstellen zu können.

7.2. Weiterer Forschungsbedarf

Der Ansatz poröse Strukturen in virtuelle Modelle abzubilden ist nicht neu. Ansätze mit vereinfachten Strukturen zur Abbildung z.B. von Schaumstrukturen existieren bereits, die Möglichkeit realitätsnahe Strukturen in ein CFD-Mikrostrukturmodell abzubilden ist erst seit einigen Jahren möglich. Diskretisierte Mikrostrukturmodelle weisen in der Regel eine hohe Anzahl an Berechnungszellen auf. Die Berechnung von Fluid-Struktur-gekoppelten (thermisch) strömungsmechanischen Vorgängen mit Wärmeübergang sind zwar aufwendig, aber anhand paralleler Berechnungsmethoden nicht unmöglich. Der Aufbau einer Datenbank virtueller Porositätsmodelle stellt für den weiteren Forschungsbedarf eine essentielle Basis dar. Hierzu sind die Füllalgorithmen zur Erstellung poröser Strukturen weiterzuentwickeln. Zudem ist im Zusammenhang mit dem Druckverlust und dem Wärmeübergangskoeffizienten die Untersuchung für andere Fluide und Strukturmaterialen auszubauen. Hinsichtlich des instationären Wärmetransports werden weitere numerische Experimente als sinnvoll erachtet, um letzten Endes auch die zeitlichen Aspekte des

Wärmetransportes in Porositäten analysieren zu können. Hinsichtlich des CFD-Ersatzmodells ist die Integration des o.g. Zwei-Gleichungs-Ansatzes unabdingbar. Im Zusammenhang mit interessanten Applikationen sind zudem weitere physikalische Effekte zu untersuchen. Dies sind:

- Stofftransport zur Simulation von Mischungsvorgänge in Porositäten - Fluidmischer.

- Strahlungstransport in Porositäten - Im solaren und infraroten Wellenlängenbereich.

- Kondensations- und Verdampfungsvorgänge - Zweiphasenvorgänge wie sie z.B. beim Nebelfänger vorkommen.

- Kapillareffekte - Membrandiagnostik.

- Katalytische Verbrennungsvorgänge - Verbesserung der Verbrennung durch die erhöhte Oberfläche durch die Porosität.

Für die o.g. physikalischen Prozesse sind Erweiterungen an den Erhaltungsgleichungen des CFD-Ersatzmodells vorzunehmen. Im Falle der Stoffbeimischung, wie auch der Verbrennung (Entstehen von Reaktionsprodukten) kann dabei der dual-porosity-Ansatz zum Tragen kommen. Dieser benötigt eine weitere Skalargleichung. Bei kapillaren Vorgängen bedarf es der Bildung eines Ersatzmodells, das das Grenzflächenverhalten an einer porösen Struktur annähert. Idealerweise könnte die Lucas-Washburn-Gleichung um den Darcy-Forchheimer Term erweitert werden (analoger Ansatz wie beim medizinischen Filter) und somit eine empirische Funktion abgeleitet werden.

Ein weiterer sehr bedeutender Forschungsbedarf ist in der experimentellen Validierung von Berechnungen mit dem Mikrostrukturmodell zu sehen, da die damit ermittelten Ergebnisse die Basis für die Ersatzmodell-Bildung darstellen. Da in der Regel bei kommerziellen CFD-Solvern kein Zugang zu dem Quellcode realisierbar ist, machen weitere Forschungsansätze nur dann einen Sinn, wenn ein alternativer, möglichst ein open-source Solver zum Einsatz kommt.

A. Tabellen und Graphiken

A.1. Tabellen und Plots der Stoffeigenschaften

Temperatur $^{\circ}$C	ν $[10^{-6}\,\mathrm{m}^2/\mathrm{s}]$	ϱ $[\mathrm{kg/m}^3]$	c_p $[\mathrm{J/kg/K}]$	λ $[\mathrm{W/m/K}]$
-20	11.78	1.377	1007	0.02263
-10	12.64	1.324	1006	0.02341
0	13.52	1.275	1006	0.02418
10	14.42	1.230	1007	0.02494
20	15.35	1.188	1007	0.02569
30	16.30	1.149	1007	0.02643
40	17.26	1.112	1007	0.02716
60	19.27	1.045	1009	0.02860
80	21.35	0.9859	1010	0.03001

Tab. A.1.: Stoffdaten von Luft in Abhängigkeit der Temperatur bei $p = 1\ bar$ [83]

Temperatur $^{\circ}$C	ν $[10^{-6}\,\mathrm{m}^2/\mathrm{s}]$	ϱ $[\mathrm{kg/m}^3]$	c_p $[\mathrm{J/kg/K}]$	λ $[\mathrm{W/m/K}]$
0	1.792	999.84	4219	0.5620
5	1.518	999.97	4205	0.5723
10	1.306	999.70	4195	0.5820
15	1.139	999.10	4189	0.5910
20	1.003	998.21	4185	0.5995
25	0.893	997.05	4182	0.6075
30	0.801	995.65	4180	0.6150
35	0.724	994.04	4179	0.6220
40	0.658	992.22	4179	0.6286
45	0.602	990.22	4179	0.6348
50	0.553	988.05	4180	0.6405
55	0.511	985.71	4181	0.6458
60	0.474	983.21	4183	0.6508
65	0.442	980.57	4185	0.6554
70	0.413	977.78	4188	0.6596
75	0.387	974.86	4192	0.6635
80	0.365	971.80	4196	0.6670
85	0.344	968.62	4200	0.6702
90	0.326	965.32	4205	0.6730
95	0.309	961.89	4211	0.6755

Tab. A.2.: Stoffdaten von Wasser in Abhängigkeit der Temperatur bei $p = 1\ bar$ [83]

Temperatur $^\circ C$	ν $[10^{-4}\,\mathrm{m}^2/\mathrm{s}]$	ϱ $[\mathrm{kg/m}^3]$	c_p $[\mathrm{J/kg/K}]$	λ $[\mathrm{W/m/K}]$
0	0.1446	0.708	2180.65	0.0305
5	0.1497	0.695	2189.80	0.0312
10	0.1548	0.683	2199.45	0.0318
15	0.1600	0.671	2209.58	0.0325
20	0.1653	0.659	2220.19	0.0332
25	0.1706	0.648	2231.25	0.0339
30	0.1760	0.637	2242.77	0.0346
35	0.1815	0.627	2254.71	0.0353
40	0.1871	0.617	2267.08	0.0360
45	0.1927	0.607	2279.86	0.0367
50	0.1983	0.598	2293.02	0.0374
55	0.2041	0.588	2306.56	0.0382
60	0.2099	0.580	2320.46	0.0389
65	0.2158	0.571	2334.70	0.0397
70	0.2217	0.563	2349.27	0.0404
75	0.2277	0.554	2364.16	0.0412
80	0.2338	0.547	2379.35	0.0420
85	0.2399	0.539	2394.81	0.0428
90	0.2461	0.531	2410.55	0.0436
95	0.2523	0.524	2426.54	0.0444
100	0.2586	0.517	2442.77	0.0452

Tab. A.3.: Stoffdaten von Methan in Abhängigkeit der Temperatur bei $p = 1\ bar$ [1]

Temperatur $^\circ C$	ν $[10^{-7}\,\mathrm{m}^2/\mathrm{s}]$	ϱ $[\mathrm{kg/m}^3]$	c_p $[\mathrm{J/kg/K}]$	λ $[\mathrm{W/m/K}]$
0	2350	879	1832	0.135
15	1000	870	1881	0.134
20	800	863	1921	0.133
40	300	852	1996	0.132
60	160	840	2074	0.131
80	95	826	2151	0.129
100	54	812	2225	0.128
150	26	781	2436	0.124
200	14	748	2621	0.120
250	9.6	714	2827	0.117
300	7	682	3021	0.113

Tab. A.4.: Stoffdaten von Farolin U in Abhängigkeit der Temperatur bei $p = 1\ bar$ [83]

Temperatur $^\circ$C	ν $[10^{-4}\,m^2/s]$	ϱ $[kg/m^3]$	c_p $[J/kg/K]$	λ $[W/m/K]$
0	0.022592	806.29	2267.2	0.17144
5	0.020364	802.20	2326.5	0.17012
10	0.018413	798.09	2387.0	0.16885
15	0.016698	793.96	2448.4	0.16761
20	0.015187	789.80	2510.1	0.16640
25	0.013850	785.60	2571.9	0.16521
30	0.012664	781.35	2633.3	0.16404
35	0.011609	777.05	2694.3	0.16289
40	0.010668	772.69	2754.5	0.16175
45	0.0098264	768.25	2813.9	0.16062
50	0.0090714	763.75	2872.4	0.15950
55	0.0083925	759.16	2929.9	0.15838
60	0.0077805	754.49	2986.4	0.15727
65	0.0072274	749.72	3041.8	0.15616
70	0.0067264	744.85	3096.2	0.15505
75	0.0062715	739.87	3149.6	0.15394
80	0.0060142	736.78	3181.8	0.15326

Tab. A.5.: Stoffdaten von Ethanol in Abhängigkeit der Temperatur bei $p = 1\ bar$ [1]

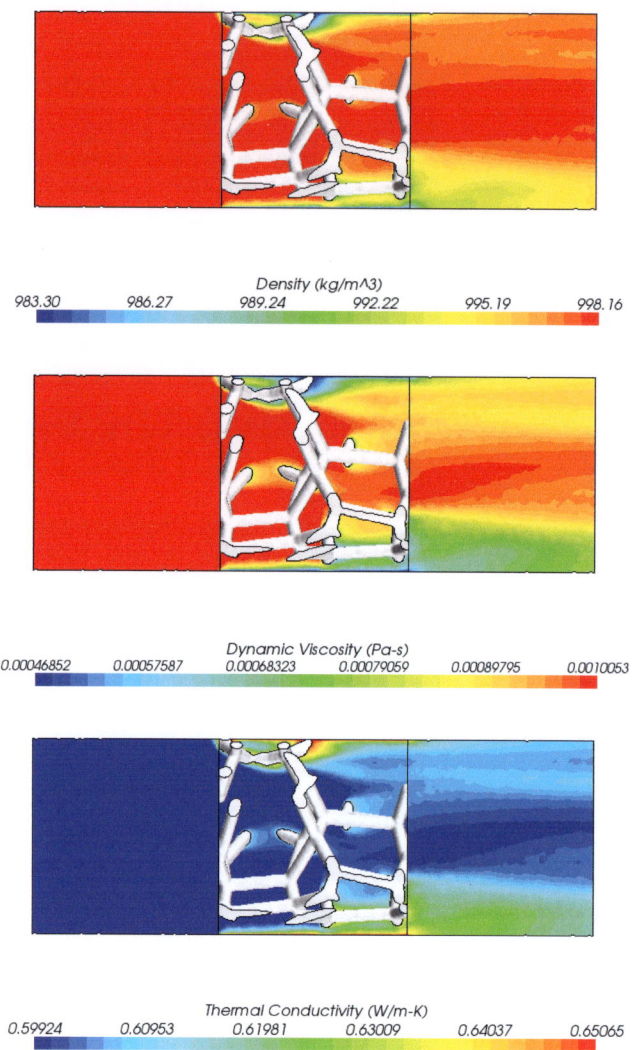

Density (kg/m^3)

983.30   986.27   989.24   992.22   995.19   998.16

Dynamic Viscosity (Pa-s)

0.00046852   0.00057587   0.00068323   0.00079059   0.00089795   0.0010053

Thermal Conductivity (W/m-K)

0.59924   0.60953   0.61981   0.63009   0.64037   0.65065

Abb. A.1.: H_2O: Berechnete Stoffgrößen im Schnitt für die Probe P1 (Metallschaum), von oben nach unten: Dichte, dyn. Viskosität, Wärmeleitfähigkeit, laminare Zuströmung mit $Re_{zu} = 496$

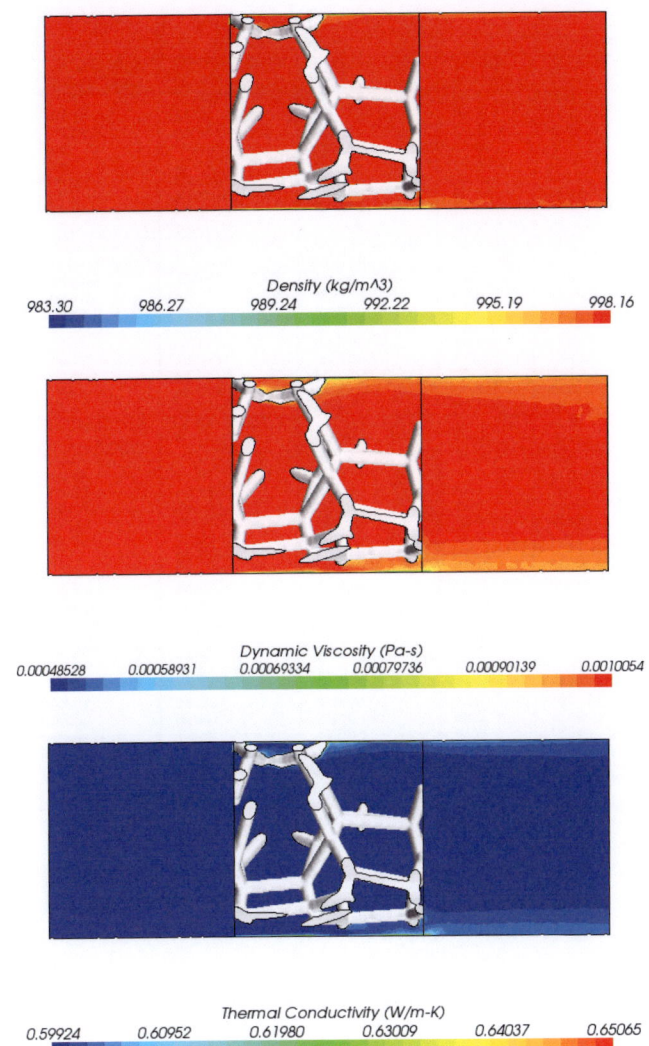

Density (kg/m^3)

983.30   986.27   989.24   992.22   995.19   998.16

Dynamic Viscosity (Pa-s)

0.00048528   0.00058931   0.00069334   0.00079736   0.00090139   0.0010054

Thermal Conductivity (W/m-K)

0.59924   0.60952   0.61980   0.63009   0.64037   0.65065

Abb. A.2.: H_2O: Berechnete Stoffgrößen für die Probe P1 (Metallschaum), von oben nach unten: Dichte, dyn. Viskosität, Wärmeleitfähigkeit, turbulente Zuströmung mit $Re_{zu} = 19859$

A.2. Berechnete Druckverlustwerte

Re-Zahl Wasser	Leerrohr $dp_r[Pa]$	Mikro.-Modell $dp[Pa]$	Darcy-Forchh. $dp_f[Pa]$	dp-Verhältn. $dp_f/dp_r[-]$
496	1.93	7.34	20.68	10.72
993	3.86	23.29	45.32	11.74
1986	7.72	75.42	106.44	13.79
2979	23.05	150.27	183.37	7.95
3972	38.14	246.12	276.12	7.24
4965	56.36	361.48	384.67	6.83
9930	189.58	1195.01	1164.54	6.14
14895	385.44	2392.51	2339.64	6.07
19859	637.69	3876.35	3909.94	6.13
Re-Zahl Ethanol	Leerrohr $dp_r[Pa]$	Mikro.-Modell $dp[Pa]$	Darcy-Forchh. $dp_f[Pa]$	dp-Verhältn. $dp_f/dp_r[-]$
494	3.45	13.64	37.41	10.84
988	6.90	42.88	82.30	11.92
1975	13.81	139.19	194.52	14.09
2963	41.08	278.21	336.69	8.20
3951	67.96	456.59	508.78	7.49
4938	100.43	671.39	710.81	7.08
9877	337.87	2223.94	2169.96	6.42
14815	686.98	4468.82	4377.44	6.37
19754	1136.60	7274.89	7333.26	6.45
Re-Zahl Luft	Leerrohr $dp_r[Pa]$	Mikro.-Modell $dp[Pa]$	Darcy-Forchh. $dp_f[Pa]$	dp-Verhältn. $dp_f/dp_r[-]$
489	0.51	2.52	4.70	9.25
978	1.02	7.47	10.72	10.46
1467	1.54	14.34	18.04	11.70
1956	2.06	22.98	26.68	12.94
2445	4.43	33.33	36.62	8.27
2608	4.96	37.06	40.22	8.11
5216	16.75	119.04	117.70	7.02
7825	34.13	237.42	232.43	6.81
10433	56.53	388.36	384.41	6.80
13041	83.61	569.50	573.65	6.86
Re-Zahl Methan	Leerrohr $dp_r[Pa]$	Mikro.-Modell $dp[Pa]$	Darcy-Forchh. $dp_f[Pa]$	dp-Verhältn. $dp_f/dp_r[-]$
484	0.32	1.61	3.16	9.75
968	0.65	4.77	7.15	10.94
1451	0.98	9.15	11.97	12.17
1935	1.32	14.65	17.62	13.40
2419	2.80	20.18	24.10	8.59
3024	4.15	30.81	33.37	8.04
6048	14.01	100.21	99.12	7.07
9072	28.54	201.18	197.27	6.91
12096	47.27	330.95	327.80	6.93
15120	69.91	487.41	490.72	7.02

Tab. A.6.: Berechnete Druckverlustwerte für die Metallschaumprobe (Leerrohr, Mikrostrukturmodell, Darcy-Forchheimer und Druckverlustverhältnis dp_f/dp_r) in Abhängigkeit der Reynolds-Zahl (Wasser, Ethanol, Luft, Methan)

Re-Zahl Wasser	Leerrohr $dp_r[Pa]$	Mikrostr.-Modell $dp[Pa]$	Darcy-Forchh. $dp_f[Pa]$	dp-Verhältn. $dp_f/dp_r[-]$
912	1.25	30.75	45.13	36.16
1824	2.50	102.11	124.50	49.87
3647	11.57	372.38	385.95	33.36
5471	23.52	776.68	784.36	33.35
7294	38.92	1317.15	1319.72	33.91
9118	57.51	1993.23	1992.04	34.64
18235	193.46	7409.55	7407.96	38.29
27353	393.34	16261.01	16247.76	41.31
36471	650.75	28508.41	28511.44	43.81
45589	961.64	44195.97	44198.99	45.96
Re-Zahl Ethanol	**Leerrohr** $dp_r[Pa]$	**Mikrostr.-Modell** $dp[Pa]$	**Darcy-Forchh.** $dp_f[Pa]$	**dp-Verhältn.** $dp_f/dp_r[-]$
484	1.19	19.84	34.98	29.40
967	2.38	62.09	87.72	36.85
1935	4.76	205.99	246.42	51.74
2902	13.95	444.54	476.11	34.13
3870	23.08	751.17	776.79	33.66
4837	34.10	1130.58	1148.45	33.67
9674	114.74	4082.66	4071.58	35.48
12092	169.57	6255.31	6198.65	36.56
19952	407.37	16155.43	16175.70	39.71
Re-Zahl Luft	**Leerrohr** $dp_r[Pa]$	**Mikrostr.-Modell** $dp[Pa]$	**Darcy-Forchh.** $dp_f[Pa]$	**dp-Verhältn.** $dp_f/dp_r[-]$
898	0.33	9.19	9.37	28.40
1796	0.67	29.55	29.05	43.67
2694	1.84	63.85	59.01	31.99
3592	3.06	106.20	99.29	32.45
4491	4.52	158.38	149.85	33.11
4790	5.07	177.91	168.99	33.34
9580	17.10	635.74	630.89	36.89
14370	34.82	1374.91	1385.69	39.79
19160	57.67	2416.54	2433.41	42.19
23949	85.29	3787.06	3774.03	44.25
Re-Zahl Methan	**Leerrohr** $dp_r[Pa]$	**Mikrostr.-Modell** $dp[Pa]$	**Darcy-Forchh.** $dp_f[Pa]$	**dp-Verhältn.** $dp_f/dp_r[-]$
500	0.12	2.32	3.35	28.44
1000	0.24	7.05	8.69	36.60
1666	0.40	16.69	18.92	47.54
1944	0.46	21.80	24.22	52.10
2443	1.00	32.27	35.32	35.15
3054	1.49	50.74	51.59	34.71
6109	5.02	178.81	177.60	35.38
8885	9.69	357.59	356.72	36.83
11107	14.32	547.47	544.30	38.00
15549	25.84	1035.62	1037.53	40.16

Tab. A.7.: Berechnete Druckverlustwerte für die textile Probe (Leerrohr, Mikrostrukturmodell, Darcy-Forchheimer und Druckverlustverhältnis dp_f/dp_r) in Abhängigkeit der Reynolds-Zahl (Wasser, Ethanol, Luft, Methan)

Re-Zahl Wasser	Leerrohr $dp_r[Pa]$	Mikrostr.-Modell $dp[Pa]$	Darcy-Forchh. $dp_f[Pa]$	dp-Verhältn. $dp_f/dp_r[-]$
10	172.52	749.56	819.69	4.75
25	431.47	2186.10	2218.18	5.14
35	604.32	3259.62	3265.00	5.40
50	863.34	5029.78	5003.85	5.80
75	1295.50	8396.86	8359.16	6.45
100	1727.43	12255.79	12280.12	7.11
Re-Zahl Ethanol	Leerrohr $dp_r[Pa]$	Mikrostr.-Modell $dp[Pa]$	Darcy-Forchh. $dp_f[Pa]$	dp-Verhältn. $dp_f/dp_r[-]$
10	308.78	1540.40	1598.46	5.18
25	774.09	4256.87	4285.50	5.54
35	1084.59	6261.76	6269.42	5.78
50	1550.03	9551.05	9529.92	6.15
75	2326.28	15771.00	15733.28	6.76
100	3102.69	22872.46	22895.57	7.38
Re-Zahl Luft	Leerrohr $dp_r[Pa]$	Mikrostr.-Modell $dp[Pa]$	Darcy-Forchh. $dp_f[Pa]$	dp-Verhältn. $dp_f/dp_r[-]$
10	44.70	403.64	379.70	8.50
25	112.46	1007.23	987.94	8.78
35	158.18	1425.30	1419.23	8.97
50	227.34	2091.96	2104.78	9.26
75	343.40	3329.43	3350.45	9.76
100	460.02	4737.81	4724.97	10.27
Re-Zahl Methan	Leerrohr $dp_r[Pa]$	Mikrostr.-Modell $dp[Pa]$	Darcy-Forchh. $dp_f[Pa]$	dp-Verhältn. $dp_f/dp_r[-]$
10	28.97	234.80	224.18	7.74
25	72.73	584.97	579.72	7.97
35	102.32	827.48	829.56	8.11
50	147.09	1215.14	1223.58	8.32
75	222.19	1935.04	1931.60	8.70

Tab. A.8.: Berechnete Druckverlustwerte für die Filterprobe (Leerrohr, Mikrostrukturmodell, Darcy-Forchheimer und Druckverlustverhältnis dp_f/dp_r) in Abhängigkeit der Reynolds-Zahl (Wasser, Ethanol, Luft, Methan)

Re-Zahl Wasser	Leerrohr $dp_r[Pa]$	Mikrostr.-Modell $dp[Pa]$	Darcy-Forchh. $dp_f[Pa]$	dp-Verhältn. $dp_f/dp_r[-]$
496	1.93	15.29	35.98	18.65
993	3.86	48.89	84.58	21.92
1986	7.72	167.00	219.66	28.46
2979	23.05	351.37	405.26	17.58
3972	38.14	593.36	641.35	16.82
4965	56.36	890.63	927.96	16.47
9930	189.58	3150.83	3118.56	16.45
14895	385.44	6680.74	6571.82	17.05
19859	637.69	11224.49	11287.73	17.70

Re-Zahl Ethanol	Leerrohr $dp_r[Pa]$	Mikrostr.-Modell $dp[Pa]$	Darcy-Forchh. $dp_f[Pa]$	dp-Verhältn. $dp_f/dp_r[-]$
494	3.44	28.05	67.01	19.45
988	6.90	88.87	156.12	22.64
1975	13.80	302.15	400.60	29.03
2963	41.06	632.73	733.44	17.86
3951	67.94	1065.62	1154.64	17.00
4938	100.40	1597.57	1664.20	16.58
9877	337.81	5623.57	5537.40	16.39
14815	686.90	11785.19	11619.61	16.92
19754	1136.48	19807.37	19910.82	17.52

Re-Zahl Luft	Leerrohr $dp_r[Pa]$	Mikrostr.-Modell $dp[Pa]$	Darcy-Forchh. $dp_f[Pa]$	dp-Verhältn. $dp_f/dp_r[-]$
49	0.049	0.29	0.66	13.47
978	1.00	16.18	20.66	20.54
1467	1.52	31.54	36.85	24.30
1956	2.03	53.07	56.95	28.07
2445	4.37	76.71	80.96	18.54
2608	4.89	85.83	89.83	18.36
5216	16.57	293.59	290.80	17.55
7825	33.80	608.92	602.92	17.84
10433	56.04	1029.37	1026.17	18.31
13041	82.93	1556.41	1560.57	18.82

Re-Zahl Methan	Leerrohr $dp_r[Pa]$	Mikrostr.-Modell $dp[Pa]$	Darcy-Forchh. $dp_f[Pa]$	dp-Verhältn. $dp_f/dp_r[-]$
484	0.32	3.53	5.69	17.89
968	0.64	10.28	13.77	21.45
1451	0.97	20.00	24.23	25.04
1935	1.30	32.58	37.09	28.64
2419	2.76	46.86	52.34	18.93
3024	4.09	71.50	74.76	18.26
6048	13.86	245.46	242.87	17.52
9072	28.28	509.16	504.34	17.84
12096	46.88	863.06	859.15	18.33
15120	69.38	1303.07	1307.32	18.84

Tab. A.9.: Berechnete Druckverlustwerte für das Shifted Grid (Leerrohr, Mikrostrukturmodell, Darcy-Forchheimer und Druckverlustverhältnis dp_f/dp_r) in Abhängigkeit der Reynolds-Zahl (Wasser, Ethanol, Luft, Methan)

A.3. Berechnete Wärmeübergangskoeffzienten

Re-Zahl	Leerrohr	Mikrostr.-Modell	Approximation	Temp.-Diff.	eff. Wärmeleitf.
Wasser	$\alpha_g\,[W/m^2/K]$	$\alpha_e\,[W/m^2/K]$	$\alpha_p\,[W/m^2/K]$	$dT\,[K]$	$\lambda_e\,[W/m/K]$
496	1536.3	4655.3	4693.5	4.44	7.35
993	1958.4	6355.9	6643.5	3.05	7.35
1986	2488.4	9047.4	9417.3	2.15	7.35
2979	4292.0	11351.1	11555.3	1.80	7.35
3972	5395.9	13335.6	13361.7	1.57	7.35
4965	6453.8	15118.7	14956.0	1.42	7.35
9930	11338.1	22095.0	21232.0	1.03	7.35
14895	15840.1	26506.5	26063.7	0.82	7.35
19859	20119.3	29348.5	30145.5	0.68	7.35
Re-Zahl	Leerrohr	Mikrostr.-Modell	Approximation	Temp.-Diff.	eff. Wärmeleitf.
Ethanol	$\alpha_g\,[W/m^2/K]$	$\alpha_e\,[W/m^2/K]$	$\alpha_p\,[W/m^2/K]$	$dT\,[K]$	$\lambda_e\,[W/m/K]$
494	570.4	1807.2	2168.7	2.75	6.91
988	723.9	2535.2	2871.3	1.93	6.91
1975	917.0	3616.6	3803.3	1.36	6.91
2963	1580.8	4591.3	4484.0	1.14	6.91
3951	1999.1	5286.4	5039.6	0.98	6.91
4938	2401.8	5867.8	5517.7	0.87	6.91
9877	4277.4	7688.7	7312.5	0.57	6.91
14815	6021.4	8588.5	8622.7	0.42	6.91
19754	7687.8	9315.9	9692.6	0.34	6.91
Re-Zahl	Leerrohr	Mikrostr.-Modell	Approximation	Temp.-Diff	eff. Wärmeleitf.
Luft	$\alpha_g\,[W/m^2/K]$	$\alpha_e\,[W/m^2/K]$	$\alpha_p\,[W/m^2/K]$	$dT\,[K]$	$\lambda_e\,[W/m/K]$
489	27.3	106.2	93.1	19.24	6.76
978	34.3	140.5	133.8	14.76	6.76
1467	39.3	167.9	165.4	12.56	6.76
1956	43.2	191.5	192.2	11.18	6.76
2445	63.7	210.8	216.0	10.48	6.76
2608	66.3	217.5	223.4	10.21	6.76
5216	103.2	312.9	320.8	7.77	6.76
7825	135.5	392.4	396.5	6.62	6.76
10433	165.2	461.8	460.8	5.90	6.76
13041	193.2	524.8	517.7	5.40	6.76
Re-Zahl	Leerrohr	Mikrostr.-Modell	Approximation	Temp.-Diff.	eff. Wärmeleitf.
Methan	$\alpha_g\,[W/m^2/K]$	$\alpha_e\,[W/m^2/K]$	$\alpha_p\,[W/m^2/K]$	$dT\,[K]$	$\lambda_e\,[W/m/K]$
484	35.9	141.2	123.2	19.26	6.77
968	45.0	186.6	177.1	14.81	6.77
1451	51.4	222.8	219.0	12.61	6.77
1935	56.6	254.1	254.5	11.22	6.77
2419	83.0	282.1	286.0	10.23	6.77
3024	95.3	311.5	321.3	9.57	6.77
6048	149.3	449.4	461.5	7.24	6.77
9072	196.7	563.3	570.2	6.14	6.77
12096	240.4	664.3	662.6	5.48	6.77
15120	281.5	755.3	744.4	5.00	6.77

Tab. A.10.: Berechneter effektiver Wärmeübergangskoeffizient, Temperaturdifferenz und effektive Wärmeleitfähigkeit füt die Metallschaumprobe in Abhängigkeit der Reynolds-Zahl (Wasser, Ethanol, Luft, Methan)

Re-Zahl Wasser	Leerrohr $\alpha_g\,[W/m^2/K]$	Mikrostr.-Modell $\alpha_e\,[W/m^2/K]$	Approximation $\alpha_p\,[W/m^2/K]$	Temp.-Diff. $dT\,[K]$	eff. Wärmeleitf. $\lambda_e\,[W/m/K]$
912	688.1	1683.7	3083.5	4.24	0.48
1824	875.7	2784.0	4390.1	3.42	0.48
3647	1976.3	6496.4	6275.2	3.95	0.48
5471	2739.5	8331.4	7713.1	3.35	0.48
7294	3462.7	9751.2	8929.1	2.92	0.48
9118	4158.1	10897.4	10003.0	2.60	0.48
18235	7387.7	14585.0	14239.6	1.72	0.48
27353	10377.4	17040.1	17513.6	1.32	0.48
36471	13222.4	19822.5	20289.6	1.15	0.48
45589	15966.8	22822.9	22745.1	1.06	0.48
Re-Zahl Ethanol	Leerrohr $\alpha_g\,[W/m^2/K]$	Mikrostr.-Modell $\alpha_e\,[W/m^2/K]$	Approximation $\alpha_p\,[W/m^2/K]$	Temp.-Diff. $dT\,[K]$	eff. Wärmeleitf. $\lambda_e\,[W/m/K]$
484	205.9	456.1	600.8	3.11	0.17
967	261.6	732.0	888.6	2.42	0.17
1935	331.7	1218.5	1315.1	1.95	0.17
2902	614.5	1636.0	1654.3	1.73	0.17
3870	777.0	2015.2	1946.9	1.59	0.17
4837	933.4	2344.0	2208.9	1.47	0.17
9674	1662.5	3404.1	3269.6	1.04	0.17
12092	2006.1	3784.8	3709.7	0.92	0.17
19952	3067.7	4770.4	4925.9	0.67	0.17
Re-Zahl Luft	Leerrohr $\alpha_g\,[W/m^2/K]$	Mikrostr.-Modell $\alpha_e\,[W/m^2/K]$	Approximation $\alpha_p\,[W/m^2/K]$	Temp.-Diff. $dT\,[K]$	eff. Wärmeleitf. $\lambda_e\,[W/m/K]$
898	12.2	32.0	28.3	17.12	0.044
1796	15.3	43.7	45.3	12.68	0.044
2694	26.9	62.6	59.6	11.90	0.044
3592	32.2	71.8	72.5	10.43	0.043
4491	37.2	83.0	84.3	9.67	0.043
4790	38.8	86.6	88.1	9.47	0.043
9580	61.9	140.0	141.0	7.64	0.043
14370	82.3	186.1	185.6	6.73	0.043
19160	101.1	226.5	225.6	6.10	0.043
23949	118.9	262.1	262.4	5.60	0.043
Re-Zahl Methan	Leerrohr $\alpha_g\,[W/m^2/K]$	Mikrostr.-Modell $\alpha_e\,[W/m^2/K]$	Approximation $\alpha_p\,[W/m^2/K]$	Temp.-Diff. $dT\,[K]$	eff. Wärmeleitf. $\lambda_e\,[W/m/K]$
500	13.4	31.6	24.2	20.54	0.052
1000	16.6	42.9	37.7	15.70	0.052
1666	19.6	54.1	52.3	12.57	0.052
1944	20.6	58.3	57.7	11.73	0.052
2443	33.1	65.4	66.8	10.60	0.052
3054	38.0	74.8	77.1	9.85	0.052
6109	59.6	114.7	120.1	7.58	0.051
8885	76.9	148.4	152.6	6.69	0.051
11107	89.8	175.6	176.0	6.27	0.051
15549	114.0	223.4	218.2	5.62	0.051

Tab. A.11.: Berechneter effektiver Wärmeübergangskoeffizient, Temperaturdifferenz und effektive Wärmeleitfähigkeit für das Abstandsgewirke in Abhängigkeit der Reynolds-Zahl (Wasser, Ethanol, Luft, Methan)

Re-Zahl Wasser	Leerrohr $\alpha_g[W/m^2/K]$	Mikrostr.-Modell $\alpha_e[W/m^2/K]$	Approximation $\alpha_p[W/m^2/K]$	Temp.-Diff. $dT[K]$	eff. Wärmeleitf. $\lambda_e[W/m/K]$
10	26039.8	59162.1	55254.0	19.1	0.52
25	35625.5	77259.0	78587.5	12.3	0.51
35	40153.2	87473.8	89599.0	10.4	0.51
50	45673.0	101060.9	102961.1	8.7	0.51
75	52859.5	120615.2	120713.8	7.2	0.51
100	58600.1	137406.2	135188.8	6.3	0.51
Re-Zahl Ethanol	Leerrohr $\alpha_g[W/m^2/K]$	Mikrostr.-Modell $\alpha_e[W/m^2/K]$	Approximation $\alpha_p[W/m^2/K]$	Temp.-Diff. $dT[K]$	eff. Wärmeleitf. $\lambda_e[W/m/K]$
10	9703.0	21271.5	20689.4	11.91	0.17
25	13449.6	29679.1	29892.0	7.48	0.17
35	15163.7	33958.6	34245.0	6.29	0.17
50	17208.5	39340.9	39565.1	5.23	0.17
75	19855.5	46649.4	46647.7	4.24	0.17
100	21965.2	52693.6	52441.6	3.65	0.17
Re-Zahl Luft	Leerrohr $\alpha_g[W/m^2/K]$	Mikrostr.-Modell $\alpha_e[W/m^2/K]$	Approximation $\alpha_p[W/m^2/K]$	Temp.-Diff. $dT[K]$	eff. Wärmeleitf. $\lambda_e[W/m/K]$
10	699.3	5574.7	5576.2	38.83	0.039
25	788.4	3385.7	3333.0	34.97	0.039
35	839.8	3130.6	3183.0	32.13	0.039
50	907.7	3028.2	3114.7	28.45	0.039
75	1004.5	3071.8	3084.0	24.16	0.039
100	1086.8	3175.2	3074.8	21.24	0.038
Re-Zahl Methan	Leerrohr $\alpha_g[W/m^2/K]$	Mikrostr.-Modell $\alpha_e[W/m^2/K]$	Approximation $\alpha_p[W/m^2/K]$	Temp.-Diff. $dT[K]$	eff. Wärmeleitf. $\lambda_e[W/m/K]$
10	923.8	5474.2	5475.7	36.4	0.048
25	1044.7	3916.6	3873.0	33.9	0.048
35	1110.9	3689.5	3743.2	30.9	0.047
50	1198.3	3620.7	3678.9	27.1	0.047
75	1323.2	3717.0	3647.1	22.8	0.047

Tab. A.12.: Berechneter effektiver Wärmeübergangskoeffizient, Temperaturdifferenz und effektive Wärmeleitfähigkeit für den med. Filter in Abhängigkeit der Reynolds-Zahl (Wasser, Ethanol, Luft, Methan)

Re-Zahl Wasser	Leerrohr $\alpha_g[W/m^2/K]$	Mikrostr.-Modell $\alpha_e[W/m^2/K]$	Approximation $\alpha_p[W/m^2/K]$	Temp.-Diff. $dT[K]$	eff. Wärmeleitf. $\lambda_e[W/m/K]$
496	1515.0	6363.6	6956.0	7.44	14.91
993	1940.6	8736.9	9442.9	5.09	14.91
1986	2473.6	12283.6	12846.7	3.51	14.91
2979	4271.4	15270.4	15393.8	2.89	14.91
3972	5373.5	17825.0	17504.0	2.50	14.91
4965	6430.0	20049.7	19339.9	2.23	14.91
9930	11311.4	27727.2	26372.3	1.52	14.91
14895	15813.5	31882.4	31623.0	1.16	14.91
19859	20092.5	34769.1	35974.7	0.95	14.91
Re-Zahl Ethanol	Leerrohr $\alpha_g[W/m^2/K]$	Mikrostr.-Modell $\alpha_e[W/m^2/K]$	Approximation $\alpha_p[W/m^2/K]$	Temp.-Diff. $dT[K]$	eff. Wärmeleitf. $\lambda_e[W/m/K]$
494	565.2	2466.1	3048.8	5.27	14.44
988	719.4	3449.0	3890.0	3.64	14.44
1975	913.3	4789.4	4967.5	2.47	14.45
2963	1575.7	5987.8	5733.5	2.02	14.45
3951	1993.8	6791.0	6347.7	1.71	14.45
4938	2396.4	7415.0	6869.3	1.48	14.45
9877	4272.1	9070.9	8780.8	0.90	14.45
14815	6016.1	9950.3	10138.5	0.66	14.45
19754	7682.2	10847.2	11228.3	0.54	14.45
Re-Zahl Luft	Leerrohr $\alpha_g[W/m^2/K]$	Mikrostr.-Modell $\alpha_e[W/m^2/K]$	Approximation $\alpha_p[W/m^2/K]$	Temp.-Diff. $dT[K]$	eff. Wärmeleitf. $\lambda_e[W/m/K]$
49	13.9	106.2	44.8	39.96	14.30
978	35.1	200.3	191.2	25.79	14.30
1467	40.1	235.3	232.7	22.61	14.30
1956	44.1	260.2	267.6	20.54	14.30
2445	64.9	287.2	298.1	19.02	14.30
2608	67.5	295.8	307.6	18.59	14.30
5216	104.7	417.2	430.4	14.51	14.30
7825	137.2	517.9	523.8	12.48	14.30
10433	167.1	606.2	602.0	11.19	14.30
13041	195.2	685.6	670.7	10.26	14.30
Re-Zahl Methan	Leerrohr $\alpha_g[W/m^2/K]$	Mikrostr.-Modell $\alpha_e[W/m^2/K]$	Approximation $\alpha_p[W/m^2/K]$	Temp.-Diff. $dT[K]$	eff. Wärmeleitf. $\lambda_e[W/m/K]$
484	37.1	210.8	180.2	31.45	14.31
968	46.4	267.1	253.0	25.79	14.31
1451	52.9	313.3	308.5	22.59	14.31
1935	58.0	353.7	355.1	20.44	14.31
2419	85.0	390.3	396.1	18.86	14.31
3024	97.4	422.9	441.7	17.52	14.30
6048	152.0	601.4	619.8	13.69	14.30
9072	199.7	745.3	755.5	11.60	14.30
12096	243.6	873.1	869.4	10.35	14.30
15120	285.0	986.3	969.4	9.45	14.30

Tab. A.13.: Berechneter effektiver Wärmeübergangskoeffizient, Temperaturdifferenz und effektive Wärmeleitfähigkeit für das Shifted Grid in Abhängigkeit der Reynolds-Zahl (Wasser, Ethanol, Luft, Methan)

Literaturverzeichnis

[1] REFPROP Version 9, *NIST Reference Fluid Thermodynamic and Transport Properties*, NIST Standard Reference Database 23, November 2010.

[2] Bejan A., *Convection Heat Transfer*, 4 ed., Wiley and Sons, Heboken, New Jersey, 2013.

[3] Bhattacharya A. and Mahajan R.L., *Metal Foam and Finnes Metal Foam Heat Sinks for Electronics Cooling in Buoyancy-Induced Convection*, Journal of Electronic Packaging **128** (2006), 259–266.

[4] Fogt H.; Kneer A. and Seidl V., *Three Dimensional Numerical Calculation of Pressure Loads Generated by Hydrogen Deflagration in Complex Geometry*, Proceedings of ICONE 5: 5th International CONFERENCE on Nuclear Engineering (Nice, France), no. 2614, ASME, May 26-30 1997.

[5] Fogt H.; Peric M.; Kneer A. and Seidl V., *Entwicklung eines parallelen Berechnungsverfahrens für teilchenbeladene Strömungen mit Verbrennung*, Statustagung HPCN-97. DLR-PT-IT (R. G. Wolf, G.; Krahl, ed.), 1997.

[6] Hernandez A., *Combined Flow and Heat Transfer Characterization of open cell Aluminium Foams*, Master Thesis, University of Puerto Rico (2005).

[7] Jung A., *Offenporige, nanobeschichtete Hybrid-Metallschäume*, Ph.D. thesis, Universität Saarland, 2011.

[8] Kennedy A., *Porous Metals and Metal Foams Made from Powders*, InTech: Powder Metallurgy, 2012.

[9] Kneer A.; Janssen-Tapken K.; Reimann K.; August A. and Nestler B., *Advanced Coupled Simulation Methods for Heat Transfer and Stiffness Phenomena induced by Fluid Flow in Metal Foams*, 5th International CONFERENCE for Coupled Problems in Science and Engineering (Ibiza, Spain), CIMNE, June 2013.

[10] Kneer A.; Römmelt M.; August A. and Nestler B., *Analysis of thermal Evolution in textile Fabrics using advanced Microstructure Simulation Techniques*, MEMBRANES (Barcelone, Spain), 2011.

[11] Peszynska M.; Trykozko A. and Sobieski W., *Forchheimer Law in Computational and Eperimental Studies of Flow through Porous Media at Porescale and Mesoscale*, GAKUTO International Series, Mathematical Sciences and Applications **32** (2010), 463–482.

[12] Roth-Nebelsick A., *Die Prinzipien der pflanzlichen Wasserleitung*, Biologie unserer Zeit **2** (2006).

[13] Sarsour J.; Stegmaier T.; Blum R.; Kröplin B.; Kneer A. and Weißhuhn C., *Energieeffizientes textiles Bauen mit transparenter Wärmedämmung für die solarthermische Energiegewinnung nach dem Vorbild des Eisbärfells*, Tech. report, ITV-Denkendorf, Stuttgart - Denkendorf, Oktober 2013.

[14] Schoof E.; Römmelt M.; Selzer M.; August A.; Nestler B.; Kneer A. and Stegmaier T., *Computational Analysis of bio inspired thermal Absorber System made of textile Fabrics*, DGM, Deutsche Gesellschaft für Materialkunde, 2012.

[15] Stegmaier T.; Arnim V.; Bagkesen F.; Linke M.; Sarsour J.; Sartori J.;Scherrieble A. and Planck H., *Bionik – die Natur als Quelle für Innovationen mit textilen Werkstoffen*, Internationale Fachtagung Bionik (Chemnitz), Oktober 2010.

[16] Virnich A., *Textilforschung 2011*, Tech. report, Forschungskuratorium Textil e.V., 2011.

[17] Shaik Dawood A.K. and Mohamed Nazirudeen S.S., *A Development of Technology for Making Porous Metal Foams Castings*, Jordan Journal of Mechanical and Industrial Engineering **4 (2)** (2010), 292–299.

[18] London A.L. and Shah R.K., *Laminar flow forced convection in ducts: a source book for compact heat exchanger analytical data*, Academic Press, New York, 1978.

[19] Jang W.; Kraynik A.M. and Kyriakides S., *On the microstsructure of open-cell foams and its effect on elastic properties*, Solid and Structures **45** (2008), 1845–1875.

[20] Garcke H.; Nestler B. and Stinner B., *A Diffuse interface Model for Alloys with multiple Components and Phases*, Society for Industrial and Applied Mathematics **64** (2004), 775–799.

[21] Jaeger P. DE; Joen C.T.; Huisseune .H.; Ameel B. and Paepe D. DE, *An experimentally validated and parametrized periodic Unit-Cell reconstruction of open-cell Foams*, Journal of Applied Physics **109** (2011), 1–10.

[22] Ozmat B.; Leyda B. and Benson B., *Thermal Applications of open Cell Metal Foams*, Materials and Manufacturing Processes **19** (2004), 839–862.

[23] Girlich D.; Kühn C. and Hackeschmidt K., *Berechnung des Druckverlustes für offenporige Metallschäume*, Tech. report, m-pore GmbH, 2007.

[24] CD-adapco (ed.), *User Guide StarCCM+*, vol. 7.04.006, CD-adapco, 2012.

[25] Yaws C.L., *Chemical Properties, Handbook*, The McGraw-Hill Companies, 1999.

[26] Boomsma K.; Poulikakos D. and Ventikos Y., *Simulations of Flow through open cell Metal Foams using idealized periodic Cell Structure*, International Journal of Heat and Fluid Flow **24** (2003), 825–834.

[27] Kühn C.; Girlich D. and Hackeschmidt K., *Bestimmung des konvektiven Wärmeübergangs offenporiger Metallschäume*, Tech. report, m-pore GmbH, 2008.

[28] Nield D. and Bejan A., *Convection in Porous Media*, 4 ed., Springer, New York Heidelberg Dordrecht London, 2013.

[29] Surek D. and Stempin S., *Angewandte Strömungsmechanik für Praxis und Studium*, Teubner, Wiesbaden, 2007.

[30] Engeda S.; Girlich D.; Kneer A.; Martens E. and Nestler B., *Development of a Metal Foam Based Latent Heat Cooling System in the Field of Solar Power Generation*, CELLMAT, 2010.

[31] Kopanadis A.; Theodorakakos A.; Gavaises E. and Bouris D., *3D numerical Simulation of Flow and conjugate Heat Transfer through a pore scale Model of high Porosity open cell Metal Foam*, International Journal of Heat and Mass Transfer **53** (2010), 2539–2550.

[32] Kakac (Ed.), *Handbook of Single-phase Convective Heat Transfer*, Wiley, New York, 1987.

[33] Helbigi F.U., *Gestaltungsmerkmale und mechanische Eigenschaften druckelastischer Abstandsgewirke*, Ph.D. thesis, TU Chemniz, 2006.

[34] Cerbe G. and Hoffmann H.J., *Einführung in die Thermodynamik*, 13. aufl. ed., Carl Hanser Verlag, München, 2002.

[35] Summ G., *Lösbarkeit und Dikretisierung der gemischten Formulierung für Darcy-Forchheimer-Fluss in porösen Medien*, Ph.D. thesis, Friedrich-Alexander-Universität Erlangen-Nürnberg, Naturwissenschaftliche Fakultäten, 2001.

[36] Karl Mayer Textilmaschinenfabrik GmbH, *Wirkungsvoller Eingriff in die Fixierung von HIGHDISTANCE-Material*, Kettenwirkpraxis **3** (2005), 36.

[37] Gokhale A.; Kumar N.; Sudhakar B.; Sahu S.; Basumatary H. and Dhara S., *Cellular Metals and Ceramics for defence Applications*, Defence Science Journal **61** (2011), 567–575.

[38] Schlichting H. and Gersten K., *Grenzschichttheorie*, Springer-Verlag, Berlin Heidelberg, 2003.

[39] Andrade J.S.; Costa U.M.S.; Almeida M.P.; Makse H.A. and Stanley H.E., *Inertial Effects on Fluid through Disordered Porous Media*, Physical review Letters **82** (1999), Number 26.

[40] Baehr H.D. and Stephan K., *Wärme- und Stoffübertragung*, Springer Verlag, Berlin, 1998.

[41] Adhianto L.; Bodin F.; Chapman B.; Hascoet L.; Kneer A.; Lancaster D.; Wolton I. and Wirtz M., *Tools for OpenMP Application Development: the POST Project*, Concurrency: Practice and Experience **12** (2000), no. 12, 1177–1191.

[42] Steinbach I., *Phase-Field Models in Material Science*, Modelling and Simulation in Material Science and Engineering **17** (2009).

[43] I.E. Idelchik, *Handbook of Hydraulic Resistance*, third edition ed., Jaico Publishing House, Mumbai, 2008.

[44] Banhart J., *Production Methods for Metallic Foams*, Fraunhofer-Institute of Applied Materials Research, Bremen (1998).

[45] Pyka G.; Burakowski A.; Kerckhofs G.; Moesen M.; Van Bael S.; Schrooten J. and Wevers M., *Surface Modification of Ti6Al4V Open Porous Structures Produced by Additive Manufacturing*, Advanced Engineering Materials **14** (2012), 363–370.

[46] Zierep J., *Ähnlichkeitstheorie*, vol. 8. überarbeitete Auflage, Viehweg + Teubner Verlag, Springer Fachmedien Wiesbaden GmbH, 2010.

[47] Zierep J. and Bühler K., *Grundzüge der Strömungslehre*, vol. 8. überarbeitete Auflage, Viehweg + Teubner Verlag, Springer Fachmedien Wiesbaden GmbH, 2010.

[48] Despois J.F. and Mortensen A., *Permeability of open-pore Microcellular Materials*, Acta Materialia **53** (2005), 1381–1388.

[49] Ferziger J.H. and Peric M., *Computational Methods for Fluid Dynamics*, Springer, Heidelberg, 1997.

[50] Ashby M.F.; Evans A.G.; Fleck N.A.; Gibson L.J.; Hutchinson J.W. and Wadley H.N.G., *Metal Foams: A Design Guide*, Butterworth-Heinemann, Woburn, 01801-2041, 2000.

[51] Boomsma K. and Poulikakos D., *The Effects of Compression and pore size Variations on the liquid Flow Characteristics in Metal Foams*, International Journal of Fluids Engineering **124** (2002), 263–272.

[52] Kneer A.; Braun K. and Janssen-Tapken K., *Development of a Metal Foam Based Latent Heat Cooling System in the Field of Solar Power Generation*, STAR European CONFERENCE (Grand Hotel Huis ter Duin, Amsterdam), March 22.-23. 2011.

[53] Vafai K. and Tien C.L., *Boundary and iertia Effects on Flow and Heat Transfer in porous Media*, Journal of Heat Transfer **24** (1981), 195–203.

[54] Yang K. and Vafai K., *Transient Aspects of Heat Flux Bifurcation in Porous Media: An Exact Solution*, Journal of Heat Transfer **133** (2011), 052602: 1–12.

[55] Nickel K.G. and Malangre D., *Herstellung von Keramikstrukturen als offenporige Materialien*, Tech. report, Universität Tübingen, 2013.

[56] Durlofsky L. and Brady J.F., *Analysis of the Brinkman Equation as a Model for Flow in Porous Media*, Physics of Fluids **30 (11)** (1987), 3329–3341.

[57] Salimi Jazi H.R.; Mostaghimi J.; Chandra S.; Pershin L. and Coyle T., *Spray-Formed, Metal Foam Heat Exchangers for High Temperature Applications*, International Journal of Thermal Science and Engineering Applications **1** (2009), 1–7.

[58] Khayargoli P.; Loya V.; Lefebvre L.P. and Medraj M., *The Impact of Microstructure on the Permeability of Metal Foams*, CSME 2004 forum, 2004, pp. 220–228.

[59] Goeszler A.; Fogt H.; Hebenstreit M. and Kneer A., *Experiences with OMP and Reengineering of CFD-codes*, EWOMP 2000 (St. Diego, USA), 2000.

[60] Kneer A.; Schreck E.; Hebenstreit M. and Goeszler A., *Industrial mixed OpenMP / MPI CFD-application for Calculations of free-surface Flows*, Workshop on OpenMP Applications and Tools (San Diego Supercomputer Center, San Diego, California), July 2000.

[61] Quintard M. and Whitaker S., *Convection, Dispersion, and interfacial Transport of Contaminants: Homogeneous porous Media*, Advances in Water Resources **17** (1994), 221–239.

[62] _____, *Transport in chemically and mechanically heterogeneous porous Media - III, Large-scale mechanical equilibrium and the regional form of Darcy's law*, Advances in Water Resources **21** (1997), 617–629.

[63] _____, *Transport in chemically and mechanically heterogeneous porous Media - IV, large-scale mass equilibrium for solute transport with adsorption*, Advances in Water Resources **22** (1997), 33–57.

[64] Rölle M., *Füllalgorithmen zur Generierung schaumartiger Strukturen in 3D*, Bachelor Thesis, Hochschule Karlsruhe, Institute of Materials and Processes, 2010.

[65] Van Dyke M., *An Album of Fluid Motion*, vol. 1, THE PARABOLIC PRESS, Stanford California, 1982.

[66] Hackeschmidt K.; Khelifa N. and Gierlich D., *Verbesserung der nutzbaren Wärmeleitung in Latentspeichern durch offenporige Metallschäume*, Kälte - Luft - Klimatechnik **November** (2007), 33–37.

[67] Gerlinger P., *Numerische Verbrennungssimulation, Effiziente numerische Simulation turbulenter Verbrennung.*, Springer Verlag, Heidelberg, 2005.

[68] Gong L.; Wang Y.; Cheng X. Zhang R. and Zhang H., *A novel effective Medium Theory for Modelling the thermal Conductivity of porous Materials*, International Journal of Heat and Mass Transfer **68** (2014), 295–298.

[69] Barbe S., *Fluid Dynamics in Sartobind Membrane Adsorber Systems*, Ph.D. thesis, Gottfried Wilhelm Leibniz Universität Hannover, 2009.

[70] Benouali A.H.; Froyen L.;Dillard T.;Forest S. and N'Guyen F., *Investigation on the influence of Cell Shape Anisotropy on the mechanical Performance of closed cell Aluminium Foams using micro-computed Tomography. In: Mechanical Behavior of Cellular Solids*, Journal of material science **40** (2005), 5801–5811.

[71] Janssen-Tapken K.; Kneer A.; Nestler B.; Rölle M.; Schoof E.; Roemmelt M.; Barbe S. and Reiche A., *A Nmerical Approach for the Generation and Optimization of bioinspired Porous Materials via Virtual Material Design (VMD)*, Bio-Inspired Materials, 2012.

[72] Mahjoob S. and Vafai K., *A Synthesis of Fluid and thermal transport Models for Metal Foam Heat Exchangers*, International Journal of Heat and Mass Transfer **51** (2008), 3701–3711.

[73] Srinivasan S. and Nakshatrala K., *A stabilizes mixed Formulation for unsteady Brinkman equation based on the Method of horizontal Lines*, cs.NA (2010).

[74] Whitaker S., *Diffusion and Dispersion in Porous Media*, A.I.Ch.E. Journal (1967).

[75] ———, *Flow in Porous Media I: A Theoretical Derivation of Darcy's Law*, Transport in Porous Media **1** (1986), 3–25.

[76] ———, *Flow in Porous Media II: The Governing equations for immiscible, two-phase Flow*, Transport in Porous Media (1986), 105–125.

[77] ———, *The Forchheimer Equation: A Theoretical Development*, Transport in Porous Media **25** (1996), 27–61.

[78] Ego Seeman and Pierre D. Delmas, *Bone quality — the material and structural basis of bone strength and fragility*, New England Journal of Medicine **354** (2006), no. 21, 2250–2261, PMID: 16723616.

[79] Haak D.P.; Butcher K.R.; Kim T. and Lu T.J., *Novel Lightweight Metal Foam Heat Exchangers*, Tech. report, Porvair Fuel Cell Technology inc., University of Cambridge, UK, 2001.

[80] Mehlin T. and Rautenbach R., *Membranverfahren*, vol. 3, Springer Berlin Heidelberg New York, 2007.

[81] Stegmaier T., *Energieeffizientes textiles Bauen mit transparenter Wärmedämmung für die solarthermische Energiegewinnung nach dem Vorbild des Eisbärfells*, Vortrag auf der Tagung „Auf dem Weg zu einer nachhaltigen Gesellschaft, Regionale Wettbewerbsfähigkeit und Beschäftigung in Baden-Württemberg 2007-2013, Teil EFRE (Stuttgart - Denkendorf), Oktober 2010.

[82] Laurien E. und Oertel jr. H., *Numerische Strömungsmechanik*, vol. 8. überarbeitete Auflage, Viehweg Verlag, Fried, Vieweg und Sohn Verlagsgesellschaft mbH, Braunschweig/Wiesbaden, 2003.

[83] VDI-Gesellschaft Verfahrenstechnik und Chemieingenieurwesen (GVC) VDI, Verein Deutscher Ingenieure, *VDI-Wärmeatlas*, 10. aufl. ed., Springer, Berlin, Heidelberg, New-York, 2001.

[84] Bhattacharya A.; Calmidi V.V. and Mahajan R.L., *Thermophysical Properties of high porosity Metal Foams*, International Journal of Heat and Mass Transfer **45** (2002), 1017–10310.

[85] Polifke W. and Kopitz J., *Wärmeübertragung. Grundlagen, analytische und numerische Methoden.*, Pearson Education, München, 2005.

[86] Wagner W., *Strömung und Druckverlust*, Vogel Fachbuch Kamprath-Reihe, Vogel Buchverlag, Würzburg, 2008.

[87] Qu Z.G.; Xu H.J.; Wang T.S.; Tao W.Q. and Lu T.J., *Thermal Transport in Metallic Porous Media*, Key Laboratory of Thermal Fluid Sience and Engineering, Key Laboratory of Strength and Vibration, University in Xi'an, China **www.intechopen.com** (2013).

[88] Shi Z. and Wang X., *Comparison of Darcy's Law, the Brinkman Equation, the Modified N-S Equation and the Pure Diffusion Equation in PEM Fuel Cell Modeling*, COMSOL CONFERENCE (Boston), 2007.

Schriftenreihe
des Instituts für Angewandte Materialien

ISSN 2192-9963

Die Bände sind unter www.ksp.kit.edu als PDF frei verfügbar
oder als Druckausgabe bestellbar.

Band 1   Prachai Norajitra
Divertor Development for a Future Fusion Power Plant. 2011
ISBN 978-3-86644-738-7

Band 2   Jürgen Prokop
**Entwicklung von Spritzgießsonderverfahren zur Herstellung
von Mikrobauteilen durch galvanische Replikation.** 2011
ISBN 978-3-86644-755-4

Band 3   Theo Fett
**New contributions to R-curves and bridging stresses –
Applications of weight functions.** 2012
ISBN 978-3-86644-836-0

Band 4   Jérôme Acker
**Einfluss des Alkali/Niob-Verhältnisses und der Kupferdotierung
auf das Sinterverhalten, die Strukturbildung und die Mikrostruktur von bleifreier Piezokeramik ($K_{0,5}Na_{0,5}$)NbO_3.** 2012
ISBN 978-3-86644-867-4

Band 5   Holger Schwaab
**Nichtlineare Modellierung von Ferroelektrika unter
Berücksichtigung der elektrischen Leitfähigkeit.** 2012
ISBN 978-3-86644-869-8

Band 6   Christian Dethloff
**Modeling of Helium Bubble Nucleation and Growth
in Neutron Irradiated RAFM Steels.** 2012
ISBN 978-3-86644-901-5

Band 7   Jens Reiser
**Duktilisierung von Wolfram. Synthese, Analyse und
Charakterisierung von Wolframlaminaten aus Wolframfolie.** 2012
ISBN 978-3-86644-902-2

Band 8   Andreas Sedlmayr
**Experimental Investigations of Deformation Pathways
in Nanowires.** 2012
ISBN 978-3-86644-905-3

Band 29 Gunnar Picht
Einfluss der Korngröße auf ferroelektrische Eigenschaften
dotierter $Pb(Zr_{1-x}Ti_x)O_3$ Materialien. 2013
ISBN 978-3-7315-0106-0

Band 30 Esther Held
Eigenspannungsanalyse an Schichtverbunden
mittels inkrementeller Bohrlochmethode. 2013
ISBN 978-3-7315-0127-5

Band 31 Pei He
On the structure-property correlation and the evolution
of Nanofeatures in 12-13.5% Cr oxide dispersion strengthened
ferritic steels. 2014
ISBN 978-3-7315-0141-1

Band 32 Jan Hoffmann
Ferritische ODS-Stähle – Herstellung,
Umformung und Strukturanalyse. 2014
ISBN 978-3-7315-0157-2

Band 33 Wiebke Sittel
Entwicklung und Optimierung des Diffusionsschweißens
von ODS Legierungen. 2014
ISBN 978-3-7315-0182-4

Band 34 Osama Khalil
Isothermes Kurzzeitermüdungsverhalten der hoch-warmfesten
Aluminium-Knetlegierung 2618A (AlCu2Mg1,5Ni). 2014
ISBN 978-3-7315-0208-1

Band 35 Magalie Huttin
Phase-field modeling of the influence of mechanical stresses on
charging and discharging processes in lithium ion batteries. 2014
ISBN 978-3-7315-0213-5

Band 36 Christoph Hage
Grundlegende Aspekte des 2K-Metallpulverspritzgießens. 2014
ISBN 978-3-7315-0217-3

Band 37 Bartłomiej Albiński
Instrumentierte Eindringprüfung bei Hochtemperatur
für die Charakterisierung bestrahlter Materialien. 2014
ISBN 978-3-7315-0221-0

Band 38 Tim Feser
Untersuchungen zum Einlaufverhalten binärer alpha-
Messinglegierungen unter Ölschmierung in Abhängigkeit
des Zinkgehaltes. 2014
ISBN 978-3-7315-0224-1